Claudia Behrens-Schneider / Sabine Birven

Events und Veranstaltungen organisieren

Claudia Behrens-Schneider / Sabine Birven

Events und Veranstaltungen organisieren

REDLINE WIRTSCHAFT

Bibliografische Information der Deutschen Nationalbibliothek

Die Deutsche Nationalbibliothek verzeichnet diese Publikation in der Deutschen Nationalbibliografie. Detaillierte bibliografische Daten sind im Internet über http://dnb.d-nb.de abrufbar.

ISBN 978-3-636-01457-3

Unsere Web-Adresse:
www.redline-wirtschaft.de

2. Auflage

© 2007 by Redline Wirtschaft, FinanzBuch Verlag GmbH, München

Alle Rechte, insbesondere das Recht der Vervielfältigung und Verbreitung sowie der Übersetzung, vorbehalten. Kein Teil des Werkes darf in irgendeiner Form (durch Fotokopie, Mikrofilm oder ein anderes Verfahren) ohne schriftliche Genehmigung des Verlages reproduziert oder unter Verwendung elektronischer Systeme gespeichert, verarbeitet, vervielfältigt oder verbreitet werden.

Umschlaggestaltung: ZERO Werbeagentur GmbH, München
Satz: Jürgen Echter, Landsberg am Lech
Printed in Germany

Inhalt

Vorwort	8
Einleitung	9
Kapitel 1: Basiswissen zum Veranstaltungsmanagement und Trends in der Branche	11
Veranstaltungstypen: Definition und Begriffsabgrenzung	11
Erfolgsfaktoren eines modernen Veranstaltungsmanagements	21
Aktuelle Trends aus der Veranstaltungsbranche	25
Kapitel 2: Grundsatzfragen zur Veranstaltungsplanung	26
Die erforderlichen Plandaten	26
Die Veranstaltungsziele	27
Der Teilnehmerkreis	30
Relevante Informationen über die Zielgruppe	33
Der Veranstaltungstermin	35
Die Entscheidung für den Veranstaltungstyp	36
Der Veranstaltungsort	37
Die Make-or-buy-Entscheidung	38
Das Budget	42
Kapitel 3: Kreativprozess und Ideenfindung	45
Die Ideenfindung – Herausforderung und zugleich Schwierigkeit	45
Geeignete Kreativitätstechniken	45
Das Brainstorming	45
Das Mind-Mapping	49

Kapitel 4: Das Wichtigste auf einen Blick 56
    Grobplan für Ihre Veranstaltung 56
    Budgetplanung 61
    Tagungstechnik 61
    Hotelabsprache (telefonisch) 64
    Tagungshotel 65
    Tagungsraum 67
    Einladung 68
    Telefonnummern 70
    Nachbereitung von Veranstaltungen 70

Kapitel 5: Reibungslose Veranstaltungsdurchführung 72
    Der Ablaufplan 72
    Der Arbeitsplan 73
    Tagungs-Knigge 74
    Wie redet man wen an? 76

Kapitel 6: Nachbereitung und Erfolgskontrolle 81
    Organisation und Überwachung des Abbaus 81
    Follow-up-Aktivitäten zur Erinnerung 81
    Nachsendung der Dokumentationen und Versand
    von Teilnahmebescheinigungen 82
    Erstellen von Dankesbriefen 82
    Prüfen und Bezahlen von Rechnungen 82
    Der Soll/Ist-Vergleich nach der Veranstaltung 83
    Die Erfolgskontrolle und deren Instrumente 84
    Die Manöverkritik im Rahmen einer Abschlussbesprechung 85

Kapitel 7: Ausgewählte Veranstaltungsbeispiele aus der Praxis 86
    Mitarbeiter-Motivationsveranstaltung 86
    Kundeninformations-/Bindungsveranstaltung 87
    Jubiläumsveranstaltung 88
    Tag der offenen Tür 89

Kapitel 8: Recherchequellen und Kontaktadressen 92

- Recherchequellen Dienstleister 92
- Recherchequellen Hotels 92
- Recherchequellen Locations 93
- Recherchequellen Künstler 93
- Recherchequellen Redner 94
- Recherchequellen Technik 94
- Recherchequellen Präsente.. 94
- Recherchequellen Werbegeschenke und Promotionartikel 95
- Recherchequellen Termine.. 95
- Recherchequellen Routenplanung 96
- Kontaktadressen Agenturen 96
- Kontaktadressen Messen und Kongresse 96
- Recherchequellen Fachzeitschriften.. 98
- Recherchequellen Fachliteratur 99
- Kontaktadressen Aus- und Weiterbildung 103

Die Autorinnen... 105

Literaturverzeichnis 106

Vorwort

Ein komplettes Buch zum Thema »Events und Veranstaltungen organisieren«? Ist das nicht übertrieben? Nein! Jeder, der je eine Veranstaltung bzw. ein Event geplant hat, weiß, wie viele Vorleistungen erbracht werden müssen, damit die Veranstaltung ein Erfolg wird.

Oft wird diese anspruchsvolle und umfangreiche Arbeit »nebenbei« erledigt, da sich die Beteiligung einer Agentur nicht lohnt oder schlicht zu wenig Budget dafür zur Verfügung steht.

Es geht um die zahlreichen Anlässe wie z.B. Lieferantentage, Tag der offenen Tür, Betriebsfeiern, Informationsveranstaltungen, Einweihungsfeste, Richtfeste, Empfänge, Händlerveranstaltungen, Hausmessen, Jahrespräsentationen, kleine Pressekonferenzen, Außendiensttagungen, Incentives, interne Fortbildungen, Workshops, Konferenzen, Tagungen, Betriebsausflüge etc.

Als OrganisatorIn sind Sie also mitverantwortlich für das Gelingen der Veranstaltung. Wenn Sie schon öfter eine Veranstaltung organisiert haben und das Ergebnis nicht ganz Ihren Vorstellungen entsprach oder wenn Sie diese große Aufgabe erst vor sich haben, dann hilft Ihnen dieses Buch mit zahlreichen Praxistipps, Adressen und Checklisten für Ihre persönliche Veranstaltungsorganisation.

Sie erfahren nicht nur, was Sie wann organisieren müssen, sondern auch, wie Sie es kostengünstig, zeitsparend und verbindlich erledigen. Alle drei Aspekte sind neben einer professionellen Organisation sehr wichtig. Heute spielen Kosten mehr denn je eine wichtige Rolle!

Wenn Sie bei der nächsten Organisation einer Veranstaltung mit Stolz sagen wollen, dass alles hervorragend geklappt hat, nehmen Sie unser Buch sowohl als Nachschlagewerk als auch als Ratgeber bei allen kniffligen Fragen!

Wir wünschen Ihnen viel Spaß und Erfolg!

Claudia Behrens-Schneider & Sabine Birven

Einleitung

Verbessern Sie Ihre Karrierechancen, indem Sie lernen, Veranstaltungen und kleine Events professionell zu organisieren!

In immer mehr Unternehmen sollen Firmenveranstaltungen von Mitarbeitern aus fachfremden Bereichen organisiert werden, um Kosten für die Einschaltung von externen Dienstleistern zu sparen. Oft müssen die anspruchsvollen Aufgaben – neben der herkömmlichen Arbeit – organisiert werden. Dies stellt für die damit beauftragten Mitarbeiter zwar eine neue und interessante Herausforderung dar, löst aber auf Grund geringer Sachkenntnis sowie Erfahrung in diesem Metier oft starke Beklemmungen aus.

Kommt Ihnen diese Situation bekannt vor? Wenn ja, stellt das vorliegende Buch eine wertvolle Unterstützung für Sie dar!

Dieses Praxisbuch zum Thema »Veranstaltungs-Management« hilft Ihnen dabei, die Planung/Organisation von Veranstaltungen und kleinen Events von A bis Z zu erlernen.

Mit dem Studium dieser Praxislektüre lernen Sie:

- Basiswissen im Veranstaltungsmanagement
- Sicherheit in der systematischen Veranstaltungsplanung
- Aktuelle Trends in der Veranstaltungsbranche
- Relevante Grundsatzfragen bei der Planung von Events/Veranstaltungen
- Tipps zur Kostenplanung:
  Kosten sparen und dennoch kreative Veranstaltungen gestalten
- praktikable Techniken zur Förderung Ihrer Kreativität
- Anregungen zur kreativen Gestaltung Ihrer Veranstaltungen
- künftige Veranstaltungen professionell zu organisieren
- ausgefallene Locations und außergewöhnliche Rahmenprogramme zu integrieren
- den gekonnten Umgang mit Ihren Gästen
- den Umgang mit Notfällen und Pannen
- Veranstaltung kompetent nachzubereiten und deren Erfolg zu kontrollieren.

Sie erhalten in diesem Buch einen kompakten Überblick über:

- wichtige Aspekte des Veranstaltungsmanagement
- Methoden zur erfolgreichen Veranstaltungsorganisation
- praxiserprobte Checklisten aus dem Veranstaltungsbereich
- ausgewählte Veranstaltungsbeispiele aus der Praxis
- Kontaktadressen und Praxistipps aus der Veranstaltungsbranche.

In diesem Buch erfahren Sie in leicht verständlicher Form mit starkem Praxisbezug, was Sie beim erfolgreichen Management Ihrer zukünftigen Veranstaltungen wissen sollten. Es verhilft Ihnen zu mehr Eigenständigkeit bei der systematischen Planung und Durchführung von Veranstaltungen. Es ermöglicht Ihnen, mit dem Einsatz von praxiserprobten Checklisten an alles Wichtige zu denken und zugleich noch wertvolle Arbeitszeit einzusparen.

Nutzen Sie diese Praxislektüre, um sich für die Veranstaltungen und Events von morgen bereits heute zu rüsten!

Kapitel 1
Basiswissen zum Veranstaltungsmanagement und Trends in der Branche

Veranstaltungstypen: Definition und Bergriffsabgrenzung

Im beruflichen Alltag wird der Begriff der »Veranstaltung« oft und gerne verwendet; unabhängig davon, ob es sich um ein Zusammentreffen von 2 oder 200 Teilnehmern handelt.

Sie fragen sich sicherlich, ob denn Kongresse, Konferenzen, Tagungen und sogar Besprechungen nicht alle unter dem Begriff der »Veranstaltung« zu fassen sind. Die Antwort heißt »Ja«, wenn Sie die Bezeichnung Veranstaltung als »Oberbegriff« und beispielsweise eine »Konferenz« als speziellen Veranstaltungstyp verstehen!

Dies wirft jedoch neue, zusätzliche Fragen auf:

- Wie unterscheiden sich die einzelnen Veranstaltungstypen?
- An welchen Kriterien können Sie die jeweiligen Unterschiede festmachen?

Als wichtigstes Unterscheidungskriterium ist zunächst der Zweck bzw. das Ziel der Veranstaltung zu nennen. Das Ziel der Veranstaltung ist je nach Veranstaltungstyp sehr unterschiedlich und bewegt sich vom reinen Informationsaustausch bis hin zur Erarbeitung konkreter Maßnahmen und sogar langfristiger Ziele. Daher ist in Abhängigkeit vom angestrebten Veranstaltungsziel auch die Anzahl der Teilnehmer unterschiedlich groß. Es ist einleuchtend, dass je nach Anzahl der Teilnehmer bzw. Gäste der organisatorische Aufwand und folglich die Vorbereitungszeit unterschiedlich groß sind.

Die nachfolgende Tabelle gibt Ihnen einen Überblick, inwieweit sich einzelne Veranstaltungstypen in Bezug auf diese Kriterien unterscheiden:

- Anzahl der Teilnehmer
- Zweck bzw. Ziel der Veranstaltung
- Dauer der Veranstaltung
- Vorbereitungszeit

Veranstaltungstyp	Teilnehmerzahl	Veranstaltungszweck bzw. Veranstaltungsziel	Veranstaltungsdauer	Vorbereitungszeit
Besprechung	2 bis 10 Personen	Informationsaustausch	1 bis zu mehreren Stunden	kurzfristig, spontan einberufen, geringer zeitlicher Vorlauf
Konferenz	bis zu 30 Personen	Schwerpunkt Diskussion, Beschlussfassung	1 Tag	zeitlicher Vorlauf bis zu ca. 3 Monaten
Tagung	25 bis 300 Personen	Fachvorträge und deren Reflexion	1 bis 2 Tage	lange, präzisere Vorbereitung, ca. 8 bis 12 Monate
Kongress	100 bis 1 000 Personen	Fachvorträge mit anschließenden Workshops	mehrere Tage	lange, präzise Vorbereitung, ca. 12 bis 15 Monate
Seminar	8 bis 16 Personen	themenspezifischer Fachvortrag zur Wissensvermittlung, Übungen zur Wissensvertiefung	1 bis 3 Tage	ca. 2 bis 4 Monate

Training	8 bis 12 Personen	themenspezifischer Fachvortrag zur Vertiefung und Übung des Wissens, Einzel- und Gruppenarbeiten zur Wissensvertiefung	1 bis 3 Tage	ca. 3 bis 4 Monate
Workshop	Gruppen mit 6 bis 8 Personen	Gruppenarbeit mit einer konkreten Aufgabenstellung zu einem Thema, Ausarbeitung eines Maßnahmenkatalogs	mehrere Stunden bis mehrere Tage	ca. 2 bis 4 Monate
Zukunfts–konferenz	30 bis 72 Personen	Entwicklung von Zukunftsentwürfen und dazugehörigen Zielen	2 bis 3 Tage	ca. 6 bis 8 Monate
Open-Space	bis zu 750 Personen	Bearbeitung von komplexen Themen durch die Selbstverantwortung der Teilnehmer	bis zu 3 Tagen	lange, präzisere Vorbereitung, ca. 8 bis 12 Monate

Event	ab 20 Personen, nach oben offen	Erlebnis, Ereignis zu einem bestimmten Motto, das strikt umgesetzt wird	1 bis mehrere Tage	je nach Umfang zwischen 6 und 15 Monate

Die Besprechung

Sie wird für einen kleinen Teilnehmerkreis von ca. 2 bis 10 Teilnehmern ausgerichtet und kann von einer Stunde bis zu mehreren Stunden dauern. Sie zielt auf den Austausch von Informationen ab und wird meist kurzfristig einberufen. Der zeitliche Vorlauf ist auf Grund der geringen Teilnehmerzahl im Vergleich zu anderen Veranstaltungstypen äußerst gering. Der Aufwand für die Vorbereitung von Getränken und Snacks sowie für die vorzubereitenden Teilnehmerunterlagen richtet sich nach den Gepflogenheiten Ihres Unternehmens.

Die Konferenz

Sie zielt darauf ab, bestimmte Themen zu diskutieren und einen Beschluss zu fassen. Eine Konferenz dauert meistens einen Tag und die Teilnehmerzahl liegt bei bis zu 30 Personen. Die Vorbereitungszeit: bis zu ca. 3 Monaten. Der höhere Organisationsaufwand lässt sich durch die exakte Vor- und Aufbereitung der beschlussreifen Teilnehmerunterlagen und die Pausen erklären.

Die Tagung

Sie hat meist eine Dauer von 1 bis 2 Tagen und wird für eine Teilnehmerzahl von 25 bis 300 Personen ausgerichtet. Eine Tagung dient dazu, den Teilnehmern Fachvorträge im Rahmen eines Fachgebietes anzubieten. Die Teilnehmer sollen während der Tagung darüber hinaus die Möglichkeit erhalten, die Fachbeiträge zu reflektieren und sich mit anderen Teilnehmern darüber auszutauschen. Auf Grund der erheblich größeren Teilnehmerzahl ist zur Vorbereitung einer Tagung ein wesentlich höherer Organisationsaufwand erforderlich. Wie Sie sich sicherlich vorstellen können, stellt bei dieser Teilnehmerzahl schon die

Auswahl eines geeigneten Tagungshotels und die Reservierung der benötigten Zimmerkapazitäten eine Herausforderung dar. Darüber hinaus muss bei einer Tagung die gesamte Reiseplanung, die Betreuung und Bewirtung der Gäste organisiert werden. Folglich ist die Planung und Organisation einer Tagung sehr komplex und sollte aus diesem Grunde frühzeitig mit einer Vorlaufzeit von ca. 8 bis 12 Monaten begonnen werden. Erfahrungsgemäß benötigen Sie bei diesem hohen organisatorischen Aufwand personelle Unterstützung. Die Bildung einer Projektgruppe und die Aufgabenverteilung auf einzelne Personen bietet sich bei diesem Veranstaltungstyp an.

Der Kongress

Bei Kongressen treffen 100 bis 1 000 Personen zeitgleich mehrere Tage zusammen. Für sie werden verschiedene Fachvorträge angeboten und anschließend spezifische Themenstellungen in Workshops erarbeitet. Im Vergleich zur Tagung ist die Organisation von Kongressen auf Grund der höheren Teilnehmerzahl noch aufwändiger und bedarf einer noch längeren und präziseren Vorbereitung. Sie sollten ca. 12 bis 15 Monate Vorlaufzeit veranschlagen. Wie beim Veranstaltungstyp der Tagung benötigen Sie auch bei einem Kongress personelle Unterstützung zur Bewältigung des hohen Organisationsaufwands. Die Bildung einer Projektgruppe und die Aufgabenverteilung auf einzelne Personen bietet sich deshalb auch bei diesem Veranstaltungstyp an.

Das Seminar

Ein Seminar sollte eine Teilnehmerzahl von 8 bis 16 Teilnehmern nicht überschreiten, sofern es noch effektiv sein soll. Es dient der Vermittlung von theoretischem Wissen. Zu diesem Zweck werden Kurzvorträge eingesetzt und in Einzel- und Gruppenarbeiten wird das erlernte Wissen angewendet und vertieft. Die Präsentation der Lehrvorträge kann mithilfe verschiedener Medien wie Overheadprojektor, Flipchart, Pinnwand und/oder Whiteboard erfolgen. Die Dauer eines Seminars kann je nach inhaltlichem Umfang 1 bis 3 Tage umfassen. Sie sollten 2 bis 4 Monate Vorlaufzeit einplanen, da Sie ggf. einen neuen Dozenten bzw. Trainer für die Durchführung des jeweiligen Seminars benötigen, wenn diese kurzfristig nicht verfügbar sind. Bedenken Sie, dass die Suche geeigneter Seminarräume samt der benötigten Technik Zeit braucht und die Bewirtung und

Betreuung der Teilnehmer sowie die Bereitstellung von Teilnehmerunterlagen durch Sie im Vorfeld organisiert werden müssen.

Das Training

Im Gegensatz zu einem Seminar besteht die Zielsetzung von Trainings darin, bereits vorhandenes Wissen aufzufrischen, weiter aufzubauen oder zu vertiefen. Aus diesem Grund haben Einzel- und Gruppenarbeiten in Trainings ein noch größeres Gewicht als in Seminaren.

Die Vertiefung von Wissen setzt ein praktisches Anwenden am konkreten Beispiel voraus und bringt ein sehr intensives Arbeiten in der Gruppe mit sich. Es ist einleuchtend, dass die Teilnehmerzahl aus diesem Grunde deutlich geringer ausfallen sollte als bei Seminaren. Damit ein Training möglichst effektiv ist, sollten Sie die Teilnehmerzahl je Training auf 8 bis maximal 12 Personen beschränken. Die Dauer eines Trainings kann wie beim Seminar je nach inhaltlichem Umfang 1 bis 3 Tage umfassen. Als zeitlichen Vorlauf sollten Sie 3 bis 4 Monate einplanen, da Sie auch hier ggf. einen neuen Dozenten bzw. Trainer für die firmeninterne Durchführung benötigen.

Bedenken Sie, dass die Vorbereitung eines Trainings aufwändiger ausfällt als beim Seminar. Soll ein Training den gewünschten Erfolg bringen, benötigt der durchführende Trainer im Vorfeld von Ihnen exakte Informationen und Praxisbeispiele aus Ihrem Unternehmen, um die Teilnehmer im Training am konkreten Fallbeispiel üben zu lassen.

Berücksichtigen Sie bei der Suche geeigneter Räumlichkeiten, dass Sie zusätzlich Nebenräume benötigen, in denen die Teilnehmer ungestört ihre Gruppenarbeiten bzw. Ausarbeitungen durchführen können. Bei der Raumsuche fallen Faktoren wie Störungsfreiheit und Ruhe ins Gewicht. Außerdem sollten Sie bei der Betreuung der Teilnehmer berücksichtigen, dass auf Grund eines intensiveren Arbeitens häufiger Pausen benötigt werden. Abschließend lässt sich festhalten, dass die organisatorische Vorbereitung eines Trainings mehr Zeit in Anspruch nimmt als beim Seminar.

Der Workshop

Der Veranstaltungstyp des Workshops zielt darauf ab, im Rahmen einer Gruppenarbeit eine konkrete Aufgabenstellung zu einem bestimmten Thema zu bearbeiten. Die Dauer eines Workshops kann je nach Umfang der Aufgabenstellung mehrere Stunden bis mehrere Tage umfassen. Gegen Ende des Workshops muss ein konkreter Maßnahmenkatalog vorliegen, wie die Aufgabenstellung gelöst werden soll. Hierzu bietet es sich an, Medien wie das Flipchart und mehrere Pinnwände samt Moderatorenkoffer zur Verfügung zu stellen. Um einen Workshop und die damit verbundene Gruppenarbeit möglichst effektiv zu gestalten, sollten Sie die Teilnehmerzahl je Workshop auf 6 bis maximal 8 Personen beschränken. Als zeitlichen Vorlauf sollten Sie 2 bis 4 Monate einplanen.

Da für die Lösung konkreter Aufgaben ein entsprechendes Umfeld benötigt wird, ist die Suche eines ruhigen und störungsfreien, aber dennoch ansprechenden Veranstaltungsortes entscheidend. Die Teilnehmer sollten sich wohl fühlen und kreativ entfalten können.

Die Zukunftskonferenz

Beim Veranstaltungstyp der so genannten Zukunftskonferenz sollen von den Teilnehmern langfristige Ziele für ein Unternehmen entwickelt und die erforderlichen Zukunftsmaßnahmen geplant werden. An einer Zukunftskonferenz können 30 bis maximal 72 Teilnehmer mitwirken. Diese werden wiederum in Gruppen von ca. 8 Personen aufgeteilt. Das bedeutet, dass je nach Gruppengröße bis zu 9 Workshop-Räume am Veranstaltungsort vorhanden sein müssen. Jede Gruppe arbeitet 2 bis 3 Tage zusammen in einem Workshop-Raum. Da es bei einer solchen Veranstaltung auf die Motivation der Mitarbeiter und auf die Vernetzung der Hierarchieebenen des Unternehmens ankommt, sind Sie als Organisator dafür verantwortlich, den entsprechenden Rahmen zu bieten. Folglich liegt der Aufwand für die Planung und die Durchführung einer Zukunftskonferenz bei einer Vorbereitungszeit von 6 bis 8 Monaten. Hinsichtlich der Konzeption und Planung einer Zukunftskonferenz sollten Sie in Erwägung ziehen, sich externer Weiterbildungsprofis zu bedienen, um die gewünschten Ergebnisse auch tatsächlich zu erzielen.

Die Open-Space-Konferenz

Dieser Veranstaltungstyp ist in Deutschland noch weitgehend unbekannt. Die Idee zur Open-Space-Konferenz stammt aus Amerika und wurde Anfang der 80er-Jahre von dem erfahrenen Organisationsberater Harrison Owen im Zuge einer internationalen Konferenz entwickelt. Wie das englische Wort »open space« schon andeutet, geht es bei diesem Konferenztyp darum, ein bestimmtes Thema »offen« zu behandeln und zu bearbeiten. Das heißt, Open-Space ermöglicht seinen Teilnehmern, von der ersten Minute an selbstverantwortlich zu bestimmen, an welchen Inhalten und mit welchen Methoden sie während der Konferenz arbeiten wollen, um ein komplexes Thema zu bearbeiten. (managerSeminare 2002, S. 163)

Der Anstoß für die Open-Space-Methodik war die Erkenntnis, dass über 70 Prozent der Teilnehmer bei Konferenzen nicht permanent aufmerksam und sogar über 40 Prozent zeitweise geistig abwesend sind.

Erstaunlicherweise zeigten sich die Teilnehmer in den Kaffeepausen hingegen geistig sehr rege und diskutierfreudig, wenn es sich um Probleme handelte, die in Zusammenhang mit der Konferenz standen und für sie von großer Wichtigkeit waren. Diese Erkenntnis nahm Harrison Owen zum Anlass, eine offene Konferenzmethodik ins Leben zu rufen, die seitdem von großer Arbeits- und Ergebniszufriedenheit gekrönt ist. (Beckmann 2002, S. 1)

Diese neue Konferenzmethodik ermöglicht es, komplexe Themenstellungen selbstverantwortlich von bis zu 750 Teilnehmern bearbeiten zu lassen. Vorgegeben wird lediglich ein generelles Thema, das während der Konferenz zur Diskussion steht. Die Aufstellung der Tagungsordnungspunkte erfolgt am ersten Veranstaltungstag durch die Teilnehmer selbst. Sie können selbstverantwortlich ihr Thema bzw. Anliegen auf die Tagesordnung bringen und als Workshop-Thema bearbeiten. Sie entscheiden eigenverantwortlich, an welchem Workshop sie wie lange mitarbeiten. Es ist gemäß dem »Gesetz der zwei Füße« möglich, den Workshop zu verlassen und sich einem anderen Workshop anzuschließen. Ziel ist, den Teilnehmern die Möglichkeit zu geben, Themen auszusuchen, sich dazu auszutauschen, neue Denkanstöße zu erhalten und Ideen anderer weiterzuentwickeln. Jeder Open-Space-Konferenz liegen bestimmte Prinzipien zugrunde, die jeder Teilnehmer als Spielregeln beachten sollte:

Merke
■ Wer auch immer kommt, es sind immer die richtigen Leute!
■ Was auch immer geschieht, es ist o.k.!
■ Es beginnt, wenn es beginnt!
■ Vorbei ist vorbei!
(Quelle: managerSeminare 2002, S. 164)

Nach jeder Workshop-Session werden an Pinnwänden Kurzprotokolle über die Ergebnisse sichtbar für alle Teilnehmer ausgehängt. Am Ende eines jeden Tages wird im Zuge der so genannten »Abendnachrichten« vor allen Teilnehmern ein Resümee hinsichtlich der bisherigen Ergebnisse gezogen.

Am nächsten Morgen erfolgen im Rahmen der »Morgennachrichten« eine Einstimmung zu den weiteren Workshops und Ergänzungen zum Vortag.

Bevor eine Open-Space-Konferenz nach bis zu 3 Tagen beendet wird, beschließen Freiwilligengruppen die weitere Vorgehensweise über die Konferenz hinaus. Die Konferenz wird mit einer abschließenden Reflexion mit Beteiligung aller Teilnehmer beendet. Nach einigen Wochen ist es ratsam, ein Treffen mit den Initiatoren aller Workshop-Gruppen zu vereinbaren, um Fortschritte und Probleme bei der Umsetzung zu besprechen.

Die vorausgegangenen Ausführungen machen deutlich, dass die Planung und Organisation einer Open-Space-Konferenz sehr komplex sind und aus diesem Grunde frühzeitig mit einer Vorlaufzeit von ca. 8 bis 12 Monaten begonnen werden sollte. Die Auswahl eines geeigneten Veranstaltungsortes und die Reservierung der benötigten Zimmerkapazitäten stellt für Sie als Organisator der Konferenz je nach Teilnehmerzahl bereits eine Herausforderung dar. Außerdem sollten Sie als Organisator bei der Auswahl des Veranstaltungsortes darauf achten, dass mindestens ein großer Saal zur Verfügung steht, in dem sich zu Beginn der Open-Space-Konferenz alle Teilnehmer versammeln können. Außerdem müssen für die anschließenden Workshops Arbeitsräume in ausreichender Anzahl und mit vollständiger technischer Ausstattung zur Verfügung stehen. Denken Sie daran, dass die Teilnehmer freie Medienwahl haben. Jeder Raum benötigt die gesamte Konferenztechnik einschließlich PC und Drucker, da die Initiatoren des Workshops auf maximal drei Seiten die Resultate ihres Workshops damit festhalten. Am zweiten Tag werden alle Berichte für alle Teilnehmer fotokopiert, damit diese die Ergebnisse am Folgetag studieren und bewerten können. Sie sollten also darauf achten, dass das gebuchte Kongresshotel auch über einen Sekretariatsservice verfügt, von dem Sie Unterlagen kopieren lassen können.

Da es keine klar umrissenen zeitlichen Organisationsabläufe gibt, was Pausenzeiten anbelangt, müssen Getränke kontinuierlich zur Verfügung stehen bzw. gegen frische Getränke ersetzt werden und Speisen innerhalb eines zeitlichen Rahmens verfügbar sein.

Außerdem ist für die erfolgreiche Durchführung einer Open-Space-Konferenz der Einsatz von erfahrenen und mit dem Veranstaltungstyp vertrauten Moderatoren von entscheidender Bedeutung. Bedenken Sie, dass die Suche mehrerer eingespielter und mit dem Thema vertrauter Moderatoren einer gewissen Vorlaufzeit bedarf.

Erfahrungsgemäß benötigen Sie bei diesem hohen organisatorischen Aufwand personelle Unterstützung. Hierzu empfiehlt sich die Bildung einer Projektgruppe und die Aufteilung einzelner Aufgaben. Im Gegensatz zu anderen Veranstaltungstypen ist beim Open-Space zu erwähnen, dass Sie als Organisator nicht versuchen sollten, permanent die Kontrolle zu behalten. Dies hält der Erfinder Harrison Owen für den einzigen Weg, um den Misserfolg einer Open-Space-Konferenz zu garantieren. (managerSeminare 2002, S. 165)

Der Event

Unter dem Veranstaltungstyp Event werden inszenierte Ereignisse bzw. Erlebnisse verstanden. Dies geschieht, indem ein Veranstaltungsmotto durchgängig in punkto Bewirtung, Dekoration, Beleuchtung und Unterhaltung umgesetzt wird und somit bei den Teilnehmern zu einem starken, alle Sinne ansprechenden Erleben führt. Die Ziele für das Inszenieren eines Events können recht unterschiedlich sein. Zielsetzung kann z.B. die Präsentation eines neuen Unternehmens und seine Bekanntmachung am Markt sein.

Oftmals werden Events zur Vorstellung und Bekanntmachung neuer Produkte und zur vertrieblichen Unterstützung bei Entscheidungsträgern genutzt. Denkbar ist die Durchführung eines Events, um besondere Anlässe wie z.B. ein rundes Jubiläum eines Unternehmens oder einer Marke zu würdigen. Gerne wird ein Event aber auch inszeniert, um eine bestimmte Zielgruppe wie z.B. die Mitarbeiter eines Unternehmens, die Vertriebsmannschaft oder einzelne Teams für besondere Leistungen zu honorieren oder für die Zukunft zu motivieren.

Was die Teilnehmerzahl betrifft, so kann diese von einer Kleingruppe mit 20 Personen bis zu einer Großveranstaltung mit mehreren hundert Personen reichen. Der Aufwand für die Planung, Organisation und Umsetzung ist abhängig von der Ausgestaltung des Events. Die Vorlaufzeit kann je nach Umfang zwischen 6 bis 15 Monaten oder mehr betragen. Die Dauer eines Events kann 1 Tag bis mehrere Veranstaltungstage umfassen.

Erfahrungsgemäß sind größere Events nur durch die Einbindung externer Spezialisten aus dem Eventbereich zu meistern. Sie sollten berücksichtigen, dass es schon schwierig ist, eine herausragende und zugleich umsetzbare Idee für ein Event zu finden. Außerdem ist es nicht einfach, geeignete Veranstaltungsorte, so genannte Locations, zu finden, die für eine zielgerichtete Umsetzung und den reibungslosen Ablauf der Veranstaltung geeignet sind. Das exakte

Timing und der reibungslose Ablauf aller Programmpunkte bedarf viel Erfahrung und einer akribischen Planung und stellt eine große Herausforderung für den Organisator dar.

Fazit
Die Ausführungen zu den verschiedenen Veranstaltungstypen machen deutlich, dass sich die einzelnen Veranstaltungstypen nicht nur in ihrer Zielsetzung und Teilnehmerzahl deutlich unterscheiden, sondern auch hinsichtlich des organisatorischen Aufwands und der Einbeziehung zusätzlicher interner oder externer Helfer unterschiedlich zu bewerten sind. Beherzigen Sie, dass kein Veranstaltungstyp dem anderen gleicht!

Erfolgsfaktoren eines modernen Veranstaltungsmanagements

Was Sie berücksichtigen sollten

Wenn Ihnen die Planung und Organisation einer Veranstaltung übertragen wurde, freuen Sie sich oder haben Sie jetzt bereits die Sorge, ob alles gut geht?

Versuchen Sie, einen kühlen Kopf zu behalten und ruhig an die Planung der Veranstaltung heranzugehen. Seien Sie sich jedoch von Anfang an im Klaren darüber, dass viele verschiedene Aspekte und Details zu berücksichtigen sind.

Ebenso sollten Sie beherzigen, dass eine Veranstaltung, nicht »mal eben so nebenbei« organisiert werden kann. Die Erfahrung zeigt, dass solche Veranstaltungen von vornherein zum Scheitern verurteilt sind.

Die häufigsten Gründe für das Scheitern von Veranstaltungen

Warum scheitern Veranstaltungen?
■ Das Veranstaltungsziel ist unklar. ■ Dem Organisator fehlen wesentliche Eckdaten zur Planung. ■ Die zur Verfügung stehende Vorlaufzeit zur Planung/Organisation ist zu kurz. ■ Der Organisator kann sich nur gelegentlich um die Organisation kümmern.

> - Der Termin ist schlecht gewählt, überschneidet sich mit anderen Ereignissen. Die Veranstaltung wird den Teilnehmern viel zu spät angekündigt. Die Beteiligung an der Veranstaltung ist deutlich geringer als geplant. Viel zu viele Aufgaben fallen an, die allein nicht zu bewältigen sind.
> - Auf die Einbindung interner Mitarbeiter ist kein Verlass.
> - Erforderliche Kontakte zur Einbindung qualifizierter Dienstleister fehlen.
> - Hausintern ändern sich permanent die Anforderungen an die Veranstaltung.
> - Das Budget wird überschritten, immer neue Kosten kommen hinzu.
> - Buchungen sind nur noch gegen volle Kostenübernahme zu stornieren.

Sie sollten wissen, dass das erfolgreiche Gelingen einer Veranstaltung niemals ein Zufall ist.

Eine systematische Vorgehensweise entscheidet zu 95 Prozent über das Ergebnis Ihrer Veranstaltung.

Machen Sie sich klar, dass die Zieldefinition ausschlaggebend ist für die Zielgruppe und die Abstimmung des Programmablaufs. Die Zahl der Teilnehmer und das vorgegebene Ziel sind wiederum entscheidend für die Wahl des Veranstaltungsortes, die Ausstattung der Räume und die notwendige Technik.

Berücksichtigen Sie: Wer eine Veranstaltung planen bzw. organisieren soll, benötigt konkrete Vorgaben von seinem Auftraggeber! Einige Chefs machen es sich sehr einfach und sagen: »Ich war kürzlich auf einer tollen Veranstaltung. So etwas will ich für unsere Kunden auch machen! Ich stelle Ihnen einen Kontakt zu der zuständigen Mitarbeiterin her, damit Sie sich austauschen können. Kümmern Sie sich darum! Sie schaffen das schon!«

Geben Sie sich nicht mit solch diffusen Angaben zufrieden! Klären Sie in einem Vorgespräch zunächst grob die Eckdaten der Veranstaltung und lassen Sie nicht locker, ehe Sie diese in Erfahrung gebracht haben.

Folgende Eckdaten sollten Sie vor Beginn der Veranstaltungsplanung mindestens in Erfahrung bringen:

Die sechs W's
■ Warum soll die Veranstaltung stattfinden? ■ Wer nimmt daran teil? ■ Wann soll die Veranstaltung stattfinden? ■ Wo soll die Veranstaltung stattfinden? ■ Wie lange soll sie dauern? ■ Was darf sie kosten?

Erst wenn Ihnen diese sechs Fragen beantwortet wurden, können Sie mit der Planung Ihrer Veranstaltung beginnen.

Zeit ist ein knappes Gut und stellt meist den Engpass im Rahmen des Veranstaltungsmanagements dar. Übernehmen Sie die Planung einer Veranstaltung nur dann, wenn Sie die erforderliche Zeit zur Planung, Organisation, Durchführung und Nachbereitung aufbringen können.

Abschließend noch ein paar Worte zum Thema »Erfahrung«: Jeder fängt irgendwann einmal mit einer Aufgabe an. Es ist keine Schande, wenn Ihnen im Planen und Organisieren von Veranstaltungen noch Erfahrung fehlt. Geben Sie lieber von Anfang an offen zu, dass Ihnen Erfahrung fehlt und bitten Sie aktiv um Unterstützung. Das wirkt aufrichtiger und professioneller!

Vergessen Sie nicht: Ihr systematisches Vorgehen und Ihre Professionalität in der Vorbereitung einer Veranstaltung sind für deren Gelingen unabdingbar!

Welche Gründe für die Durchführung von Veranstaltungen sprechen

Suchen Sie nach geeigneten Antworten, warum es für Ihr Unternehmen in der heutigen Zeit sinnvoll sein könnte, individuelle Veranstaltungen durchzuführen? Geeignete Antworten lassen sich leicht finden und auch nachvollziehen, sofern Sie sich die Schnelllebigkeit unserer heutigen Zeit einmal genauer vor Augen führen. Das Einzige, was in unserer heutigen Zeit Bestand hat, ist der Wandel. Diese Dynamik im Berufsalltag geht einher mit einer erheblichen Reizüberflutung und rasanter Kurzlebigkeit verbreiteter Informationen.

Eine kürzlich durchgeführte Untersuchung belegte, dass wir als informierte Menschen heute durch nur eine einzige Tageszeitung so viele Informationen pro Tag aufnehmen wie früher in einem ganzen Leben. Dieses Beispiel macht deutlich, warum ein »Mehr« an Information zu Belastung und Überforderung beiträgt. Die Zeiten haben sich geändert, aber die Kapazität zur Informationsaufnahme durch unser Gehirn ist gleich geblieben. Es leuchtet Ihnen sicherlich ein, dass aus diesem Grunde 90 Prozent der kommunizierten Botschaften verpuffen und die ursprünglich ausgesandten Botschaften beim Empfänger gar nicht oder nur unvollständig ankommen. Werbebriefe unbekannter Herkunft werfen wir ungeöffnet weg, Werbespots entziehen wir uns geschickt durch Abwesenheit und Telefonanrufe empfinden wir als Belästigung.

Unser Verhalten führt zwangsläufig zu einer veränderten Mediennutzung und einer zunehmenden Selektion von Informationen. Dies wiederum führt dazu, dass klassische Kommunikationsmaßnahmen an Wirksamkeit verlieren.

Dennoch müssen sich heutzutage die Unternehmen einem zunehmenden Verdrängungswettbewerb stellen, da die Marktanteile auf den jeweiligen Märkten bereits verteilt sind. Eine Abgrenzung zur Konkurrenz erfolgt nicht mehr wie früher über das Produkt. Vielmehr werden sich Produkte immer ähnlicher, sind immer austauschbarer und zeichnen sich durch immer kürzere Lebensdauer aus. Eine Abgrenzung zum Wettbewerb erfolgt zwangsläufig über andere Faktoren wie z.B. die Betreuung und den Service beim Kauf von Produkten oder bei der Erstellung von Dienstleistungen.

Folglich erfordern neue Bedingungen und ein verändertes Verbraucherverhalten eine »veränderte Kommunikation«.

Die Kommunikation Ihres Unternehmens muss deshalb erlebnisorientierter werden, näher an der jeweiligen Zielgruppe stattfinden und durch mehr »Emotionalität« nachhaltiger erfahren werden.

Hierzu können Sie durch ein systematisches Veranstaltungsmanagement entscheidend in Ihrem Unternehmen beitragen. Gut geplante und detailliert umgesetzte Veranstaltungen sind eine wichtige Voraussetzung, um den veränderten Kommunikationsanforderungen der Zukunft gerecht zu werden.

Eine Veranstaltung, bei der Sie die jeweiligen Teilnehmer und ihre Bedürfnisse in den Mittelpunkt stellen, ermöglicht Ihnen nicht nur eine direkte Ansprache sowie Betreuung der Zielpersonen, sondern bietet Ihnen auch die Chance, für die Teilnehmer eine »positive emotionale Erfahrung« und ein »nachhaltiges Erlebnis« zu schaffen.

Aktuelle Trends aus der Veranstaltungsbranche

Die Planung und Durchführung einer Veranstaltung stellt für die Geschäftsleitung immer eine Investitionsentscheidung dar. In Zeiten massiver Kosteneinsparungen sind die Budgets erfahrungsgemäß klein und die Beauftragung einer Agentur ist folglich unerschwinglich und nicht erwünscht.

So gehen immer mehr Unternehmen dazu über, Firmenveranstaltungen wie Empfänge, Hausmessen und Betriebsfeiern etc. von eigenen Mitarbeitern organisieren zu lassen. Dies hat zwar den Vorteil, dass Kosten gespart werden können. Leider müssen die anspruchsvollen Aufgaben aber meist von unerfahrenen Mitarbeitern »nebenbei« erledigt werden.

Da die Wirkung und somit auch der Erfolg solcher Veranstaltungen aber stark von einem professionellen Veranstaltungsmanagement abhängen, sollte bei einer »Inhouse-Lösung« immer eine systematische Vorbereitung der Mitarbeiter auf ihre neue Aufgabe erfolgen. Den ersten Schritt zur Vorbereitung haben Sie bereits selbst unternommen, indem Sie das vorliegende Buch gekauft haben und nun durcharbeiten. Eine weitere Möglichkeit ist der Besuch eines Trainings zum Thema »Veranstaltungsmanagement«, in dem Sie Ihr Wissen an konkreten Aufgabenstellungen anwenden und üben können. Darüber hinaus können Sie Ihr Wissen weiter vertiefen und sich mit Gleichgesinnten hinsichtlich bereits gemachter Erfahrungen austauschen.

Eine dritte Möglichkeit besteht darin, sich bei der Umsetzung einer konkreten Veranstaltung externe Unterstützung durch einen erfahrenen Berater zu holen. Dies ist unter Umständen wesentlich billiger und stressfreier, als Fehler zu machen, die Ihr Unternehmen nicht nur eine Menge Geld kosten, sondern darüber hinaus das Image Ihres Unternehmens durch eine missglückte Veranstaltung langfristig schädigen.

Kapitel 2
Grundsatzfragen zur Veranstaltungsplanung

Die erforderlichen Plandaten

Im ersten Kapitel haben wir bereits darauf hingewiesen, dass Sie von Ihrem Vorgesetzten grundlegende Informationen benötigen, bevor Sie mit der eigentlichen Planung Ihrer Veranstaltung beginnen können.

Welche Daten Gegenstand in der nun folgenden Phase der Veranstaltungsplanung sind und was Sie dabei im Einzelnen unbedingt berücksichtigen sollten, erfahren Sie im Folgenden:

Plandaten im Rahmen der Veranstaltungsplanung
■ *Zielsetzung* Was soll mit der Veranstaltung erreicht werden? ■ *Teilnehmerkreis* Wer wird an der Veranstaltung teilnehmen? ■ *Termin* Wann soll die Veranstaltung stattfinden? ■ *Entscheidung für den Veranstaltungstyp* Welche Art von Veranstaltung ist geplant bzw. ist die richtige für Ihr Vorhaben? ■ *Veranstaltungsort* Wo soll die Veranstaltung stattfinden? ■ *Personalkapazität und Kompetenz* Welche personellen Ressourcen stehen bereit? ■ *Budget* Welche finanziellen Mittel stehen bereit?

Die Veranstaltungsziele

Bei der Planung ist das Festlegen von Veranstaltungszielen von zentraler Bedeutung. Als Organisator muss Ihnen bekannt sein, warum eine Veranstaltung durchgeführt wird bzw. was damit bei den Teilnehmern erreicht werden soll.

Aber: Welche Ziele können Sie mit einer Veranstaltung überhaupt erreichen? Die Antwort bietet Ihnen die folgende Übersicht:

Mögliche Veranstaltungsziele	
Inhaltliche Veranstaltungsziele	**Konkrete Beispiele**
Feiern eines Ereignisses/Anlasses	Feiern einer Geschäftseröffnung oder eines Firmenjubiläums
Werben für ein Produkt, eine Marke und das dahinter stehende Unternehmen	Vorstellung neuer Produkte im Rahmen einer Kundenveranstaltung
Information über ein Fachthema, einen Sachverhalt oder Neuigkeiten	Vorstellung aktueller Geschäftsergebnisse im vergangenen Wirtschaftsjahr im Zuge einer Pressekonferenz
Präsentieren des Unternehmens, seiner Produkte oder eines Fachthemas	Vorstellung neuer Produkte oder Dienstleistungen des Unternehmens auf so genannten Kundenveranstaltungen
Überzeugen der Teilnehmer in puncto Unternehmen oder Produkt	Vorstellung von neuen Fahrzeugmodellen und Darstellung ihrer Produktvorteile im Vergleich zu Vorgängermodellen
Kommunizieren bestimmter Sachinhalte und Fakten	Vorstellung von Projektergebnissen und Austausch bezüglich bestehender Probleme im Rahmen des Projektmeetings
Entscheiden von Sachthemen	Beschlussfassung bezüglich firmenspezifischer Themenstellungen im Zuge einer Führungskräfte-Konferenz

Diskutieren von Sachverhalten	Austausch bezüglich unternehmensspezifischer Themenstellungen im Rahmen einer Niederlassungsleiter-Konferenz
Vermitteln von Wissen in einem bestimmten Fachgebiet	Vermittlung und Anwendung von Wissen zum Thema »Veranstaltungsmanagement« im Rahmen eines firmeninternen Trainings
Bewirken von Verhaltens- und Einstellungsveränderungen	Motivieren der Belegschaft in wirtschaftlich schwierigen Zeiten

Bedenken Sie, dass das Ziel einer Veranstaltung für die Auswahl des Veranstaltungstyps immer entscheidend ist. Welche Veranstaltungstypen es gibt und wie sich diese unterscheiden, haben Sie bereits im ersten Kapitel kennen gelernt. Bedenken Sie, dass die Zieldefinition außerdem ausschlaggebend ist für den ausgewählten Teilnehmerkreis und somit die Anzahl der Teilnehmer.

Aus den vorangegangenen Ausführungen wird ersichtlich, dass das Festlegen von Zielen deshalb von so großer Bedeutung ist, weil daraus weitere wesentliche Plandaten abgeleitet werden. Ziele stellen angestrebte Sollgrößen dar und legen fest, was im Rahmen der Veranstaltung erreicht werden soll. Sie geben Ihnen als Organisator folglich »Orientierung« bei der eigentlichen Veranstaltungsplanung und -durchführung.

Dass dem Setzen und Verfolgen von Zielen eine große Bedeutung zukommt, belegt eine »Langzeit-Untersuchung«, die in den 1960er-Jahren an der Yale-Universität startete.

Damals führte die Yale-Universität eine mündliche Befragung von Studenten im letzten Semester durch. Thema der Befragung war die »persönliche Zukunftsplanung«. Die Yale-Universität untersuchte, ob die Studenten bei ihrer Zukunftsplanung ein klares, konkretes Ziel niedergeschrieben hatten und darüber hinaus einen schriftlichen Zukunftsplan erstellt hatten. Das Ergebnis der mündlichen Befragung ergab, dass eine Zielsetzung und Planerstellung nur 3 Prozent der Befragten vorweisen konnten.

20 Jahre später interviewten die Forscher die überlebenden Teilnehmer der Studie von damals noch einmal. Das Ergebnis war erstaunlich. Die 3 Prozent von damals, die sich schriftlich Ziele gesetzt und einen schriftlichen Plan erstellt hatten, waren erfolgreicher als die restlichen 97 Prozent. (Obermann + Schiel 2000, S. 132)

Übertragen auf die Veranstaltungsplanung bedeutet dies, dass Sie als Organisator von vornherein den Erfolg einer Veranstaltung maßgeblich durch Ihre Vorgehens- und Arbeitsweise beeinflussen können. Setzen Sie Ziele und schreiben Sie diese schriftlich nieder!

Das schriftliche Formulieren von Veranstaltungszielen hat noch einen weiteren Vorteil: Es ermöglicht eine nachträgliche Kontrolle des Veranstaltungserfolgs im Vergleich zu den Vorgaben.

Ein häufiges Problem besteht bei Veranstaltungen, bei denen weder Ziele noch sonstige Plandaten schriftlich formuliert werden, darin, dass die Organisatoren ihr Bestes geben, aber die Vorgesetzten mit dem Ergebnis der Veranstaltung dennoch unzufrieden sind. Die Ursache liegt häufig darin, dass die Vorstellungen des Vorgesetzten nicht konkretisiert wurden und der Organisator die Veranstaltung nach bestem Wissen umsetzt, aber eben nicht den Vorstellungen entsprechend. Bedauerlicherweise werden die Organisatoren trotz ihres überdurchschnittlichen Einsatzes zur Verantwortung gezogen, was wiederum zu einer großen Frustration führt.

Halten Sie aus Gründen der besseren Orientierung und der Absicherung die Ziele und alle weiteren Plandaten der Veranstaltung schriftlich fest. Lassen Sie sich diese Plandaten schriftlich bestätigen, um Abweichungen bereits im Vorfeld zu vermeiden. Sie gewährleisten damit, nur für solche Planabweichungen zur Verantwortung gezogen zu werden, von denen Sie tatsächlich Kenntnis hatten.

Um in Erfahrung zu bringen, ob die zuvor festgelegten Ziele nach Beendigung der Veranstaltung auch tatsächlich erreicht wurden, sollten Sie die Veranstaltungsziele nach bestimmten Kriterien festlegen.

Wie Sie Veranstaltungsziele definieren sollten

Mit der beschriebenen Art der Zieldefinition legen Sie den Grundstein, um nachträglich eine Erfolgskontrolle überhaupt durchführen zu können. Sie erhalten damit die Möglichkeit, festzustellen, ob Sie die zuvor festgelegten Ziele tatsächlich erreicht haben und in welchem Umfang.

Formulierung von Zielen	Konkretes Beispiel
Zielinhalt Was soll erreicht werden?	Beschlussfassung bezüglich der firmenspezifischen Themenstellungen
Zielausmaß In welchem Ausmaß soll das Ziel erreicht werden? Wie soll es gemessen werden?	Mehrheitsbeschluss muss erzielt werden
Zielhorizont In welchem Zeitraum soll das Ziel erreicht werden?	am Ende der Konferenz
Segmentbezug Bei welchem Teilnehmerkreis soll es erreicht werden?	gesamter Führungskreis des Unternehmens

Der Teilnehmerkreis

Im direkten Zusammenhang mit der Definition von Veranstaltungszielen steht die Festlegung des Teilnehmerkreises, für den Sie die Veranstaltung ausrichten sollen.

Als Veranstaltungsmanager ist es Ihre Aufgabe, eine Veranstaltung zu planen, durch die zuvor festgelegte Veranstaltungsziele bei einem »exakt bestimmten Teilnehmerkreis« realisiert werden. Je präziser Ihre Kenntnis über diesen Teilnehmerkreis ist, desto höher ist die Wahrscheinlichkeit, eine erfolgreiche Veranstaltung umzusetzen.

Beherzigen Sie das »Gebot der Teilnehmerorientierung«, d.h., stellen Sie stets die Bedürfnisse und Wünsche der jeweiligen Teilnehmer in den Mittelpunkt.

Planen Sie keine Veranstaltung, die nur den Vorstellungen Ihres Vorgesetzten oder den Ihren entspricht. Dies könnte zum Scheitern der gesamten Veranstaltung führen.

Die Frage lautet deshalb: Wer soll an der Veranstaltung teilnehmen und mit wem haben Sie es zu tun?

Soll die Veranstaltung für einen »internen Teilnehmerkreis«, wie z.B. die Mitarbeiter Ihres Unternehmens, ausgerichtet werden, dann haben Sie einen Vorteil, denn Sie kennen einen Großteil der Belegschaft und können diesen Teilnehmerkreis sehr gut einschätzen. Außerdem kann die Personalabteilung Ihnen eine große Unterstützung sein. Sie kann Ihnen wichtige Informationen liefern, über die Sie vielleicht noch nicht verfügen. Wie hoch ist der Frauen- bzw. Männeranteil in der Belegschaft und wie sieht die Altersstruktur aus? Mit welchen Nationalitäten und mit welchen unterschiedlichen Religionen haben Sie es zu tun?

Berücksichtigen Sie, dass beispielsweise in Sachen »Bewirtung« zwischen den Geschlechtern unterschiedliche Vorlieben existieren. Das weibliche Geschlecht bevorzugt vielfach eher leichte Speisen. Das männliche Geschlecht hingegen zieht häufig deftige Gerichte der eher feinen Küche vor. Auch bei den Getränken sind die Geschmäcker verschieden; Frauen trinken lieber ein Glas Prosecco oder Wein und alkoholfreie Getränke, Männer hingegen trinken lieber ein frisches Pils oder ein Bier vom Fass.

Bedenken Sie außerdem, dass bei Mitarbeitern moslemischen Glaubens der Genuss von Alkohol und Schweinefleisch auf Grund der Religion nicht zulässig ist. Außerdem können auch Vegetarier in Ihrer Belegschaft vertreten sein. Achten Sie bei der Bewirtung deshalb darauf, auch für diesen Personenkreis ein Angebot an Speisen bereitzuhalten.

Häufig wird die Überlegung angestellt, auch die Partner der Mitarbeiter und deren Kinder beispielsweise bei einem »Tag der offen Tür« mit einzuladen. Anzuraten ist eine Einbeziehung der Partner der Teilnehmer immer dann, wenn eine Veranstaltung am Wochenende stattfinden soll. Dies gilt für interne wie für externe Veranstaltungen gleichermaßen. Bei der Tendenz zu immer mehr Arbeitsstunden im Berufsleben wird die Freizeit für Paare und Familien zu einem immer wertvolleren Gut. Legen Sie den Veranstaltungstermin auf ein Wochenende und laden die Angehörigen nicht mit ein, müssen Sie ggf. mit einer geringen Teilnahme der Belegschaft rechnen.

Was müssen Sie als Organisator bedenken, wenn nicht nur die Partner Ihrer Mitarbeiter, sondern auch deren Kinder eingeladen sind? In diesem Falle sollten Sie genau darüber informiert sein, in welcher Altersgruppe sich die Kinder befinden. Nur so ist es Ihnen möglich, ein entsprechendes Rahmen- bzw. Beschäftigungsprogramm je nach Altersgruppe bereitzuhalten, bei dem sich Kinder und Eltern amüsieren können.

Wird an Sie die Aufgabe herangetragen, eine Veranstaltung ausschließlich für die interne Zielgruppe der Führungskräfte zu organisieren, dann sollten Sie berücksichtigen, dass dieser Teilnehmerkreis häufig unter großem Stress und Druck steht sowie terminlich stark beansprucht ist. Mit einer Veranstaltung, bei der Aspekte wie »Zwanglosigkeit«, »Ruhe« und »Entspannung« im Mittelpunkt stehen, können Sie diesem Teilnehmerkreis stark entgegenkommen.

Häufig werden Sie als Organisator in der Praxis damit beauftragt, eine Veranstaltung für einen »externen Teilnehmerkreis« auszurichten. Im Gegensatz zu den Mitarbeitern und deren Angehörigen können zu externen Teilnehmern verschiedene Zielgruppen gehören:

Externe Teilnehmer
■ *Privatkunden*
■ *Firmenkunden*
■ *Neukunden*
■ *Bestandskunden*
■ *Externe Gremien wie Beirat und Aufsichtsrat*
■ *Befreundete Geschäftsleute*
■ *Strategische Partner*
■ *Kooperationspartner*
■ *Lieferanten*
■ *Händler*
■ *Absatzmittler*
■ *Meinungsbildner*
■ *Pressevertreter/Medien*
■ *Multiplikatoren/VIPs*

Für Sie besteht bei der Veranstaltungsplanung für einen externen Teilnehmerkreis die große Schwierigkeit, dass Ihnen wichtige Informationen über die Zielgruppen selbst nicht vorliegen. Sofern dies der Fall ist, empfiehlt es sich, zunächst hausintern nachzuforschen, wer in Ihrem Unternehmen mit der jeweiligen Zielgruppe in Kontakt steht.

Relevante Informationen über die Zielgruppe

Interne Anlaufstellen zur Informationsschaffung

- *Die Geschäftsführung*
  zur Informationsbeschaffung über Gremien, befreundete Geschäftsleute, Kooperationspartner sowie strategische Partner
- *Die Marketingabteilung*
  zur Informationsbeschaffung über die Kundenstruktur auf einzelnen Märkten und generelle Kundendaten sowie Informationen über Pressevertreter und Meinungsbildner/VIPs
- *Der Vertrieb*
  zur Informationsbeschaffung über Privat-, Firmenkunden, Händler und Absatzmittler

Nachdem Sie nun die Anlaufstellen in Ihrem Unternehmen kennen, wo Sie Informationen über den jeweiligen externen Teilnehmerkreis in Erfahrung bringen können, stellt sich die Frage: Welche Informationen benötigen Sie im Rahmen der Veranstaltungsplanung über die Teilnehmer?

Informationen zur Zielgruppe

- *Anzahl der Zielpersonen insgesamt*
  Wie viele Personen kommen für eine Einladung zur Veranstaltung infrage?
- *Altersstruktur der Teilnehmer*
  Wie viel Prozent der Teilnehmer befinden sich in der jeweiligen Altersgruppe?
- *Geschlechterstruktur der Teilnehmer*
  Wie viel Prozent der Teilnehmer sind weiblich bzw. männlich?
- *Familienstand der Zielpersonen*
  Wie viel Prozent der Zielgruppe sind Singles, gebunden oder verheiratet?
- *Berufswelt der Teilnehmer*
  Welcher Berufsgruppe gehören die Teilnehmer an? Aus welchem Arbeitsbereich und welcher Hierarchiestufe stammt der Teilnehmerkreis?

> - *Einkommensverhältnisse der Teilnehmer*
>   Welche Einkommensverhältnisse liegen vor? Welchen Preis ist die Zielgruppe bereit und in der Lage, für die Veranstaltung zu bezahlen?
> - *Bildungsniveau der Zielgruppe*
>   Über welche Bildung verfügt die Zielgruppe? Welches Niveau liegt vor?
> - *Geografische Herkunft der Teilnehmer*
>   Wie viel Prozent der Teilnehmer kommen aus dem jeweiligen Bundesland oder der Region? Welcher Nationalität gehören die Teilnehmer an? Über welche Sprachkenntnisse verfügen die Zielpersonen?
> - *Gesundheitszustand der Teilnehmer*
>   Wie gut ist der Gesundheitszustand der Teilnehmer? Bis zu welchem Grad können die Teilnehmer in die Veranstaltung körperlich mit einbezogen werden? Welche Einschränkungen liegen vor?
> - *Bedürfnisse/Wünsche der Zielpersonen*
>   Welche Bedürfnisse und Wünsche haben die Teilnehmer, die durch eine Veranstaltung befriedigt werden können? Welche Genuss- bzw. Erlebnisorientierung liegt vor?
> - *Freizeitverhalten der Teilnehmer*
>   Welches Freizeitverhalten hat der Teilnehmerkreis? Wie häufig besucht die Zielgruppe Veranstaltungen und welcher Art sind diese?
> - *Motivation der Zielgruppe*
>   Erfolgt eine Teilnahme freiwillig oder unfreiwillig? Wurden die Zielpersonen entsandt oder geworben?

Nach Zusammentragen aller relevanten Informationen über die Zielgruppe sollten Sie abwägen, welche Konsequenz sich daraus für Ihre Veranstaltung ergibt.

Sollten Sie beispielsweise herausgefunden haben, dass die relevante Zielgruppe sehr häufig an Tagungen zu bestimmten Fachthemen teilnimmt, ist es als Organisator Ihre Aufgabe, kreative Alternativen zu entwickeln, wie Sie sich inhaltlich oder durch den Programmablauf mit Ihrer Veranstaltung abgrenzen können.

Sind Sie dazu beauftragt worden, eine Motivationsveranstaltung zu planen, spielt die Kenntnis der Altersstruktur und des Gesundheitszustandes eine große Rolle. Sollten Sie ermitteln, dass sich die Zielgruppe bereits in einem gehobenen Alter befindet und körperlich nicht mehr so fit ist, eignet sich beispielsweise keine Veranstaltung im Freien (Outdoor-Training), bei der die Teilnehmer körperlich stark gefordert werden.

Sollen Sie eine Veranstaltung mit internationalen Gästen organisieren, müssen Sie bereits in Ihrer Veranstaltungsplanung dafür sorgen, dass ein reibungsloser Informationsaustausch zwischen Ihrem Unternehmen und den Teilnehmern sowie zwischen den Gästen mithilfe von Dolmetschern möglich ist.

Die vorausgegangenen Ausführungen machen deutlich, dass Sie ohne genaue Kenntnis über die jeweilige Zielgruppe nicht in der Lage sind, eine den Bedürfnissen der Teilnehmern entsprechende Veranstaltung zu planen und umzusetzen.

Beherzigen Sie, dass die exakte Information über den Teilnehmerkreis eine zwingende Voraussetzung im Rahmen jeder Veranstaltungsplanung darstellt.

Der Veranstaltungstermin

Nachdem Sie bereits wichtige Eckdaten wie die Veranstaltungsziele festgelegt und relevante Informationen über die Zielgruppe zusammengetragen sowie deren Konsequenzen für Ihre Veranstaltung daraus abgeleitet haben, stellt sich im Rahmen der Veranstaltungsplanung die Frage: Wann soll und kann die Veranstaltung stattfinden?

Die Auswahl eines geeigneten Termins stellt einen großen Erfolgsfaktor bei der Planung jeder Veranstaltung dar.

Der Termin sollte von Ihnen so gewählt werden, dass
- Sie genügend Vorlaufzeit zur Planung und Organisation der Veranstaltung haben;
- geeignete Veranstaltungsorte samt benötigter Kapazitäten noch verfügbar sind;
- qualifizierte und beliebte Referenten und Trainer noch freie Ressourcen haben;
- hinreichend Zeit zur Verfügung steht, um den Teilnehmerkreis frühzeitig einzuladen;
- ein Absagen der Veranstaltung nur mit geringen Stornokosten verbunden ist;
- der Termin sich nicht mit anderen Ereignissen überschneidet.

Wenn Sie nun einen Termin in Rücksprache mit Ihrem Vorgesetzten abstimmen, sollten Sie im Vorfeld prüfen, ob auf den ausgewählten Veranstaltungstag zeitgleich andere Termine oder Ereignisse fallen, die eine Teilnahme an der Veranstaltung erschweren oder unmöglich machen.

Prüfen Sie, ob Ihr Veranstaltungstermin nicht in die Schulferien oder Urlaubzeit der Zielgruppe fällt. Die Erfahrung zeigt, dass sich auch Feiertage vor oder nach dem eigentlichen Veranstaltungstermin nachteilig auswirken, da diese gerne für einen Kurzurlaub genutzt werden. Ebenfalls zu berücksichtigen sind die Termine von beliebten Sport- oder Kulturveranstaltungen (z.B. die Fußballweltmeisterschaft, Endspiele, große Konzerte oder Stadtfeste), die dann Ihrer Veranstaltung vorgezogen werden.

Prüfen sollten Sie als Organisator auch, ob zu dem ausgewählten Termin möglicherweise eine Messe am Veranstaltungsort stattfindet.

Dies kann sich sehr nachteilig auf die Kosten der Hotelunterbringung und die Verkehrsverhältnisse am Veranstaltungsort auswirken. Informationen zur Prüfung der oben genannten Termine (Ferien- und Feiertage) finden Sie in fast jedem Kalender. Um Ihre Planung zu erleichtern, finden Sie in diesem Buch im Kapitel 8 hilfreiche Internetadressen. Diese ermöglichen Ihnen, auch weit in der Zukunft liegende Ferien- und Feiertage sowie Messetermine zu recherchieren. Informationen zu den Veranstaltungen vor Ort erhalten Sie entweder beim zuständigen Fremdenverkehrsbüro oder im Internet unter den so genannten Veranstaltungskalendern der Region oder Stadt.

Zu berücksichtigen sind aber nicht nur externe Termine oder Ereignisse. Bedenken Sie, dass außerdem innerbetriebliche Termine oder Engpässe auf Grund von Umstrukturierungsmaßnahmen oder Projekten die Teilnahme einzelner Mitarbeiter unmöglich machen können.

Die Überprüfung von möglichen Terminüberschneidungen ermöglicht Ihnen, rechtzeitig Ausweichtermine auszuwählen und ein systematisches Veranstaltungsmanagement zu betreiben.

Die Entscheidung für den Veranstaltungstyp

Nachdem es Ihnen gelungen ist, einen überschneidungsfreien Termin für Ihre Veranstaltung zu finden, sollten Sie im Rahmen der Veranstaltungsplanung auch den »passenden Veranstaltungstyp« auswählen. Es stellt sich hier die Frage: Welche Art von Veranstaltung ist geplant bzw. ist das Richtige für Ihr Vorhaben? Wie bereits im ersten Kapitel dieses Buches dargestellt, ist der Veranstaltungstyp abhängig von der Zielsetzung und der Größe des Teilnehmerkreises.

Folgende Veranstaltungstypen stehen zur Auswahl …
Besprechung   Tagung   Konferenz   Seminar   Training   Workshop
Kongress   Event   Open-Space   Zukunftskonferenz

Berücksichtigen Sie bei Ihrer Planungsarbeit, dass die einzuplanende Vorlaufzeit je nach Veranstaltungstyp – auf Grund der bereits beschriebenen Hintergründe – unterschiedlich lang sein und der Aufwand unterschiedlich groß sein kann. Je nach Veranstaltungstyp werden an Sie als Organisator ganz unterschiedliche Herausforderungen gestellt. Hierauf wollen wir jedoch zu einem späteren Zeitpunkt detailliert in den Kapiteln 4 und 5 eingehen.

Der Veranstaltungsort

Nachdem Sie einen Ihren Zielen entsprechenden Veranstaltungstyp für Ihre Veranstaltung festgelegt haben, setzen Sie sich mit der Suche eines geeigneten Veranstaltungsortes auseinander. Hier stellt sich die Frage: Wo soll und kann die Veranstaltung stattfinden?

Eine mögliche Alternative ist, die Veranstaltung »hausintern« durchzuführen.

Auch wenn alle Voraussetzungen stimmen, ist die interne Durchführung von Veranstaltungen erfahrungsgemäß mit weniger Raumkosten, aber mit einem erheblich größeren Organisations- und Koordinationsaufwand verbunden.

Tipp
Was Sie bei interner Durchführung einer Veranstaltung berücksichtigen sollten:
<ul><li>*Die Verfügbarkeit* Stehen die benötigten Räume zum gewünschten Termin bereit?</li><li>*Die Raumkapazität* Stehen intern Räume in ausreichender Größe zur Verfügung?</li><li>*Die Störungsfreiheit* Gewährleistet der Veranstaltungsort einen störungsfreien Veranstaltungsablauf?</li><li>*Die Ausstattung* Ist die benötigte Infrastruktur vorhanden? (Mobiliar, Technik, Servicepersonal, Bewirtung, Pausenräume)</li></ul>

Sollten die Voraussetzungen zur hausinternen Durchführung nicht gegeben sein, ist eine weitere Alternative, die Veranstaltung extern durchzuführen. Folgendes sollten Sie klären:

> **Tipp**
>
> **Was Sie bei der Auswahl von externen Veranstaltungsorten berücksichtigen sollten:**
> - In welcher Stadt soll die Veranstaltung durchgeführt werden?
> - In welcher Umgebung soll die Veranstaltung stattfinden? (Stadtkern, auf dem Land)
> - Welcher Veranstaltungsort ist dazu der geeignete? (Hotel, Tagungszentrum, Stadthalle oder historische Örtlichkeiten)
> - Welche Räumlichkeiten stehen am jeweiligen Veranstaltungsort in welcher Größe bereit?
> - Welche Ausstattungsklasse ist gewünscht bzw. verfügbar?
> - Ist die benötigte Infrastruktur vorhanden?

Bei Veranstaltungen mit großen Teilnehmerzahlen müssen Sie sich entsprechend frühzeitig um die Suche und Buchung eines geeigneten Veranstaltungsortes kümmern. Kurzfristige Buchungen treiben die Kosten erfahrungsgemäß in die Höhe.

Entscheiden Sie sich für die Auswahl einer ausgefallenen Location, sollten Sie prüfen, ob die von Ihnen benötigte Infrastruktur nicht noch zusätzlich beschafft und außerdem zusätzlich externe Dienstleister eingebunden werden müssen. Dies kann den organisatorischen Aufwand und die Kosten erheblich erhöhen. Im Kapitel 8 haben wir für Sie Internetadressen gesammelt, damit Sie problemlos ausgefallene Locations für Ihre nächste Veranstaltung finden.

Beachten Sie bei der Auswahl des Veranstaltungsortes, dass dieser mit dem Veranstaltungsziel und dem Teilnehmerkreis harmonieren muss, damit sich die Teilnehmer am Veranstaltungsort auch wohl fühlen.

Die Make-or-buy-Entscheidung

Ist von Ihnen im Rahmen der Veranstaltungsplanung nun auch der Veranstaltungsort festgelegt worden, stellt sich die Frage: Welche personellen Ressourcen und welches Know-how stehen hausintern zur Planung, Organisation und Umsetzung der Veranstaltung zur Verfügung? Wie bereits eingangs erwähnt, liegt derzeit in den meisten Unternehmen ein internes Veranstaltungsmanagement aus Kostengründen im Trend. Das heißt, dass erfahrungsgemäß Aufgaben, die mit der Veranstaltung in Verbindung stehen, zusätzlich zu den übrigen Aufgaben erledigt werden müssen. Analysieren Sie im Zuge einer Make-or-buy-Entscheidung, ob Sie mit dem internen Personal in der Lage sind, die Veranstaltung zu planen und zu organisieren oder ob Sie externe Helfer brauchen.

Tipp

Folgende Fragen sollten Sie im Vorfeld klären:
- Wie viel freie Ressourcen stehen dem Organisator zur Verfügung?
- Welche Mitarbeiter können zusätzlich mit Aufgaben betraut werden?
- Inwieweit reicht das intern verfügbare Know-how zur Veranstaltungsplanung aus?
- Welche Aufgaben bzw. Aktivitäten sind intern nicht abzudecken?
- Welche Kontakte zu externen Dienstleistern bestehen?
- Welche Erfahrungen liegen bezüglich einer Zusammenarbeit mit den Externen vor?
- Welche Kontakte zu externen Dienstleistern sind neu zu knüpfen?

Um einem zeitlichen Engpass bereits im Vorfeld entgegenzuwirken, können Sie interne Mitarbeiter einbinden. Wägen Sie genau ab, wer auf Grund seiner Zuverlässigkeit sowie Erfahrung dazu geeignet und auch willens ist.

Klären Sie außerdem ab, ob die betreffenden Personen im relevanten Zeitraum noch über freie Kapazitäten verfügen und übertragene Aufgaben auch selbstständig erledigen können. Sollte dies der Fall sein, dann bilden Sie ein Projektteam. Informieren Sie im ersten Projektmeeting über die Hintergründe der Veranstaltung und die zugrunde liegenden Eckdaten. Legen Sie verbindlich die einzelnen Rollen fest: Wer übernimmt welche Aufgaben und muss diese bis wann erledigen? Es versteht sich von selbst, dass Sie als Veranstaltungsmanager die Projektleitung übernehmen und die Einhaltung festgelegter Termine kontrollieren. Erstellen Sie einen Projektplan, in dem die zuvor genannten Daten schriftlich festgehalten werden. Legen Sie ferner mit dem Team fest, in welchen zeitlichen Abständen die Beteiligten zusammenkommen, um Entscheidungen zu treffen und Informationen auszutauschen. Vergessen Sie nicht zu klären, welche Regeln gelten, wenn unvorhergesehene Schwierigkeiten eintreten oder Termine nicht eingehalten werden können.

Sollten Sie allerdings feststellen, dass Ihr Unternehmen zurzeit nicht über internes Personal verfügt, das Sie einsetzen können, besteht die Möglichkeit, externe Dienstleister zur Unterstützung heranzuziehen. In diesem Falle können Sie sich eine so genannte Agentur suchen, die sich auf den Bereich Veranstaltungs- bzw. Event-Management spezialisiert hat und das komplette Veranstaltungsmanagement für Sie übernimmt. Ihre Aufgabe beschränkt sich dann nur noch darauf, die Agentur über die Hintergründe und Eckdaten zu informieren sowie deren termingerechte und zielorientierte Aufgabenerledigung zu überwachen. Das heißt, die zuvor genannten Ausführungen zum Thema Projektmanagement gelten auch hier. Zunächst hört sich diese Alternative sehr verlockend an. Berücksichtigen Sie aber, dass der Knackpunkt in der Auswahl einer qualifizierten und unter Kostengesichtspunkten erschwinglichen Agentur liegt.

Tatsache ist, dass es in Deutschland zwar ca. 4 800 so genannte Agenturen gibt, die in irgendeiner Weise Leistungen im Bereich Events und Veranstaltungen anbieten. Leider ist nur ein geringer Teil dieser Agenturen tatsächlich qualifiziert, Veranstaltungen oder gar Events professionell zu planen und umzusetzen. Viele sind in Wirklichkeit nur simple Künstlerdienste. Dies macht deutlich, dass Sie sehr wachsam sein sollten, wen Sie als externen Dienstleister einkaufen.

Um Sie als Veranstaltungsmanager bei der Auswahl einer qualifizierten Agentur zu unterstützen, raten wir Ihnen, sich an das FME (Forum Marketing-Eventagenturen) zu wenden. Das FME ist eine Interessenvertretung der Marketing-Eventbranche in Deutschland und zielt seit seiner Gründung darauf ab, die Transparenz im Markt zu erhöhen. Agenturen, die Mitglied im FME werden wollen, müssen strengen Qualitätsmaßstäben genügen und das Thema »Events« von der Konzeption bis zum Controlling beherrschen. Weitere Informationen zu FME finden Sie in diesem Buch im Kapitel 8.

Berücksichtigen Sie, dass hohe Qualität aber auch immer ihren Preis hat, und wägen Sie sorgfältig ab, ob Ihr Budget die Einschaltung einer Agentur zulässt.

Eine weitere Alternative besteht darin, sich hinsichtlich einer konkreten Veranstaltung von einem Experten beraten zu lassen, wenn Sie zusätzliches Know-how, Ratschläge und Tipps benötigen. In diesem Falle liegen die eigentliche Organisation und die Durchführung Ihrer Veranstaltung weiterhin bei Ihnen; das ist folglich erheblich kostengünstiger als die Einschaltung einer Agentur.

Welche Entscheidung Sie wann treffen sollten	
Entscheidungsalternativen	**Situationsbeschreibung**
Einbindung hausinterner Mitarbeiter und Bildung einer Projektgruppe	… wenn eine Arbeitsüberlastung für Sie von vornherein erkennbar ist
	… wenn Sie hausintern über qualifiziertes und zuverlässiges Personal verfügen, das noch über freie Kapazitäten verfügt
Einholung von Tipps, Ratschlägen und zusätzlichem Know-how durch einen spezialisierten Berater/Coach	… wenn Sie über genügend freie Kapazitäten zur Planung, Organisation und Umsetzung verfügen
	… wenn es Ihnen lediglich an Wissen und Kontakten in einzelnen Bereichen fehlt
	… wenn Sie die Veranstaltung selbst umsetzen möchten oder sollen
	… wenn Ihr Budget die Einschaltung einer Agentur nicht hergibt oder die Veranstaltung zu klein dazu ist
Einschaltung einer spezialisierten Agentur	… wenn hausintern das erforderliche Know-how zur Veranstaltungsplanung fehlt
	… wenn viele externe Dienstleister involviert sind und der Koordinationsaufwand hoch ist
	… wenn erforderliche Kontakte fehlen
	… wenn die Teilnehmerzahl hoch ist

Das Budget

Nach umfänglichen Vorarbeiten sind Sie nun beim letzten Schritt der Veranstaltungsplanung, der Budgetierung, angelangt. Die Frage lautet hier: Welche Kosten kommen durch die Veranstaltung auf Sie zu bzw. welche finanziellen Mittel stehen dafür bereit?

Klären wir zunächst, was unter dem Begriff »Budget« überhaupt zu verstehen ist. Unter einem Veranstaltungsbudget wird die Summe aller Kosten verstanden, die gemäß den zuvor festgelegten Eckdaten für die Planung der Veranstaltung veranschlagt wird. Im Veranstaltungsbudget können folglich eine Vielzahl unterschiedlicher Kostenarten enthalten sein.

Mögliche Kostenarten
- Hotelkosten
- Kosten für die Anmietung von Tagungsräumen und anderen Locations
- Kosten für die Erstellung von Einladungen und Werbematerial
- Bewirtungskosten für Essen und Getränke
- Kosten für Technikeinsatz audiovisueller Medien
- Kosten für Entertainment: Einsatz von Moderatoren, Künstlern, Bands etc.
- Abgabe an die Künstlersozialkasse
- GEMA-Gebühren (Gebühren für musikalische Aufführung und Vervielfältigung)
- Logistikkosten für den Auf-/Abbau von Bühnen oder Produkten
- Kosten für externes Personal wie Hostessen, Wachpersonal, Promotoren
- Kosten für die Einbindung von Agenturen oder Beratern
- Reise- und Verpflegungskosten
- Kosten für Arbeits- und Umsatzausfall
- Kosten zur Vergütung oder zum Ausgleich von Mehrarbeit
- Kosten für Versicherungen, die die Veranstaltungen betreffen

Zur Ermittlung der jeweiligen Kostenarten empfiehlt es sich, detaillierte Angebote auf der Basis der zuvor festgelegten Eckdaten einzuholen. Diese Angebote sollten Sie in Bezug auf das Preis-Leistungs-Verhältnis vergleichen und ein geeignetes Angebot auswählen.

Wählen Sie nicht das günstigste Angebot aus, sondern Anbieter oder Dienstleister, die Ihnen zuverlässig erscheinen und eine gute Leistung zu einem fairen

Preis anbieten. Wollen Sie unbedingt einen bestimmten Anbieter beauftragen, obwohl sein Angebot preislich zu hoch liegt, dann sollten Sie mit ihm über ein besseres Angebot verhandeln. Erstaunlicherweise ist oft mehr Spielraum drin, als Sie denken! Also haben Sie keine Scheu, diesen Schritt zu gehen!

Die Beträge der von Ihnen ausgewählten Angebote werden dann summiert, daraus ergibt sich die Gesamtsumme der voraussichtlich benötigten Finanzmittel.

Die Erfahrung zeigt, dass die Berücksichtigung eines kleinen finanziellen Puffers für unvorhergesehene Fälle sinnvoll ist. In vielen Unternehmen wird vom Controlling ein Budget als Richtwert vorgegeben. Dieses sollte nach Möglichkeit nicht überschritten werden. Sollte die hochgerechnete Gesamtsumme den Richtwert des Controllings übersteigen, stehen Ihnen verschiedene Alternativen zur Auswahl: z.B. die Genehmigung höherer Kosten, die in Zeiten der Kosteneinsparung allerdings nur schwierig durchzusetzen ist. Eine andere Alternative ist, in Absprache mit Ihrem Vorgesetzten Verhandlungen mit den jeweiligen Anbietern über evtl. Leistungskürzungen vorzunehmen und eine erneute Hochrechnung der Kosten zu erstellen. Bedenken Sie, dass es Mittel und Wege gibt, Kosten auch ohne Leistungskürzung einzusparen.

Wie Sie die Veranstaltungskosten im Griff behalten

Ein systematisches Veranstaltungsmanagement stellt nicht nur die Weichen für einen reibungslosen Veranstaltungsablauf, sondern auch für eine Minimierung der Kosten. Hohe Veranstaltungskosten werden meist durch zu geringe Vorlaufzeiten bei der Veranstaltungsplanung verursacht. Das heißt, wenn Sie als Organisator kurzfristig ein Hotel zu einer ungünstigen Zeit buchen oder ohne Einholung weiterer Vergleichsangebote externe Dienstleister beauftragen, zahlen Sie drauf!

Die vorangegangenen Ausführungen verdeutlichen, dass Sie Kosten sparen können, ohne an der Ausstattung des Hotels oder an Dienstleistern sparen zu müssen, wenn Sie die zuvor genannten Faktoren im Auge behalten.

Für Sie als Veranstaltungsmanager ist es von großer Bedeutung, den Überblick über die veranschlagten Kosten (sog. Soll-Kosten) und die tatsächlich entstehenden Kosten (sog. Ist-Kosten) zu behalten und zu erkennen, ob sich die Kosten höher entwickeln als ursprünglich geplant. Zur Kostenkontrolle empfiehlt sich die Aufstellung eines Budgetplans. Erfahrungsgemäß eignet sich das Tabellenkalkulationsprogramm Excel zur Erstellung eines solchen, da Sie dort die Möglichkeit haben, neu eingegebene Werte automatisch mit dem Programm zu berechnen. Dies bedeutet, dass Sie auch bei permanent veränderten Eintragungen immer auf dem neuesten Stand sind. Sie sind mit einem solchen Budgetplan in der Lage, einen Soll/Ist-Vergleich der Kosten durchzuführen und haben jederzeit einen aktuellen Überblick über Ihre Kostenentwicklung.

Faktoren zur Steigerung der Veranstaltungskosten

- Kurzfristige Buchungen
- Mangelnde Terminflexibilität
- Überschneidung diverser Veranstaltungstermine
- Veranstaltungen in der Messezeit
- Hotels und Tagungsräume im Stadtkern, in Ballungszentren oder Flughafennähe
- Einzelabrechnung von Hotelleistungen statt Vereinbarung einer Tagungspauschale
- Freie Getränkewahl gekoppelt mit fehlender Kostenbegrenzung
- Fehlende Absprache bzgl. der Übernahme des Individualverbrauchs
- Fehlender Überblick bzgl. marktüblicher Kosten
- Fehlende Kontakte zu alternativen Dienstleistern mit einem angemessenen Preis-Leistungs-Verhältnis
- Reduzierung der Teilnehmerzahl nur gegen volle Kostenübernahme

Kapitel 3
Kreativprozess und Ideenfindung

Die Ideenfindung – Herausforderung und zugleich Schwierigkeit

Eine erfolgreiche Veranstaltung ist weniger eine Frage des Budgets, sondern vielmehr der Kreativität und der zugrunde liegenden Idee!

Sofern Sie bereits über Erfahrung im Bereich des Veranstaltungsmanagements verfügen, wissen Sie, dass es gar nicht so einfach ist, eine ungewöhnliche Idee bzw. immer wieder neue Ideen für neue Veranstaltungen zu finden.

Dies erweist sich keineswegs als einfach, da heutzutage bei den Teilnehmern bzw. Gästen kontinuierlich steigende Ansprüche erkennbar sind.

Geeignete Kreativitätstechniken

Es stellt sich daher die Frage, welche Methoden und Techniken existieren, die Ihre persönliche Kreativität fördern können.

Glücklicherweise gibt es verschiedene so genannte Kreativitätstechniken, die Sie als Veranstaltungsplaner zur Ideengewinnung einsetzen können, um sich die Arbeit zu erleichtern. Im Folgenden werden wir Ihnen die aus unserer Sicht für die Veranstaltungsplanung geeigneten Kreativitätstechniken vorstellen.

Das Brainstorming

Der Begriff Brainstorming bedeutet in der deutschen Sprache so viel wie »Ideensturm« und ist eine der bekanntesten und zugleich ältesten Kreativitätstechniken. Das Brainstorming wurde von Alex Osborn bereits in den 1940er-Jahren entwickelt und ist laut Studien die in Unternehmen am weitesten verbreitete Kreativitätstechnik. (Backerra/Malorny/Schwarz 2002, S. 53)

Ziel dieser Technik ist, neue Ideen zu sammeln. Folglich können Sie als Veranstaltungsplaner diese Kreativitätstechnik beispielsweise für die Suche nach einem Veranstaltungsmotto einsetzen oder für Tipps zur praktischen Durchführung. Idealerweise sollten Sie diese Technik aus gruppendynamischen Gründen in einer Gruppe von fünf bis sieben Personen anwenden, um optimale Ergebnisse zu erzielen. Als Teilnehmer der Gruppe empfiehlt sich eine Mischung aus Mitarbeitern, die mit dem Thema Veranstaltungsplanung bereits vertraut sind, und solchen, die bisher kaum Berührungspunkte mit diesem Thema hatten. Geben Sie den Teilnehmern im Rahmen Ihrer Einladung im Vorfeld bekannt, welches der Hintergrund für diese Sitzung ist (z.B. die Suche nach einem interessanten Veranstaltungsmotto für Ihre Jubiläumsfeier im nächsten Jahr), wo diese stattfindet und wie lange sie dauert. Das Brainstorming sollte zwischen ca. 30 bis ca. 60 Minuten dauern und an einem störungsfreien Ort stattfinden.

Für die Durchführung der Brainstorming-Sitzung wird ein Moderator eingesetzt. Sie sollten dazu eine Person auswählen, die bereits Erfahrung im Bereich der Moderation besitzt. Falls Sie es sich zutrauen, können Sie die Moderation auch selbst übernehmen. Der Moderator eröffnet die Sitzung, das Anliegen wird nochmals bekannt gegeben und es werden die Regeln für die Durchführung des Brainstormings aufgestellt. Diese Regeln sind erforderlich und stellen eine wichtige Voraussetzung für den Erfolg der Brainstorming-Sitzung dar. In Untersuchungen wurde festgestellt, dass beim Zusammentreffen mehrerer Personen im Rahmen einer Sitzung die Neigung besteht, neue Ideen durch negative Einwände abzublocken.

Nachdem die Regeln allen bekannt sind, äußert jeder Teilnehmer spontan seine Ideen. Diese sollten schriftlich und gut lesbar auf einem Flipchart oder auf Metaplankarten an einer Pinnwand festgehalten werden. Die Praxis zeigt, dass zur Bewältigung aller Aufgaben zwei Personen erforderlich sind. Für die Durchführung empfiehlt es sich also, einen Assistenten (einen so genannten Co-Moderator) einzusetzen. Sie gewährleisten damit, dass keine der beschriebenen Aufgaben vernachlässigt wird.

Brainstorming-Regeln

- Regel Nummer eins: Bei der Äußerung der Ideen darf keinerlei Kritik, weder in verbaler Form (Verwendung von Killerphrasen) noch in nonverbaler Form (abschätzige Blicke oder Gesten), erfolgen. Dies könnte den Ideenfluss der Teilnehmer ins Stocken bringen.

> - Regel Nummer zwei: Es kommt darauf an, viele Ideen in möglichst kurzer Zeit zu sammeln, und nicht so sehr darauf, ob diese qualitativ wertvoll sind. Dies nimmt den Teilnehmern den Druck, nur gute Ideen vorzuschlagen, und bewirkt mehr Spontaneität bei allen Beteiligten.
> - Regel Nummer drei: Alle Teilnehmer dürfen ihrer Fantasie freien Lauf lassen. Jede Idee, und sei sie auch noch so ausgefallen, ist willkommen und wird mit aufgenommen.
> - Regel Nummer vier: Es ist gewünscht, die geäußerten Ideen aufzugreifen, um diese in der Gruppe weiterzuentwickeln und zu verbessern.
>
> (Quelle: in Anlehnung an Backerra/Malorny/Schwarz 2002, S. 56 f.)

Nach Äußerung einer Idee lassen sich die restlichen Teilnehmer wiederum zur Nennung neuer Ideen inspirieren. Dem Moderator kommt während der Sitzung die Aufgabe zu, den Ideenfluss durch aktivierende Fragen in Gang zu halten und darauf zu achten, dass alle Teilnehmer zu Wort kommen und die aufgestellten Brainstorming-Regeln von allen eingehalten werden.

Trotz dieser Regeln ist mit Verstößen zu rechnen, da es Disziplin und einer gewissen Übung bedarf, bis sich die Beteiligten von ihren gewohnten Verhaltens- und Denkweisen verabschiedet haben.

Um Killerphrasen zu vermeiden, kann der Moderator Folgendes tun:

- Den Teilnehmer beim Aussprechen von Killerphrasen daran erinnern, dass im Rahmen der Ideengewinnung keine Wertung der Ideen vorgenommen werden darf.
- Bei Nennung einer Killerphrase mit einer Tischglocke läuten, um den Teilnehmer akustisch zu ermahnen.
- Zu Beginn der Sitzung eine Reihe von Killerphrasen vorlesen, um die Teilnehmer dafür zu sensibilisieren, diese nicht zu verwenden.

(Quelle: in Anlehnung an Backerra/Malorny/Schwarz 2002, S. 58)

Stellt der Moderator fest, dass trotz Aktivierungsfragen keine neuen Ideen mehr eingebracht werden, wird die Phase der Ideengewinnung von ihm beendet.

Sie sollten die protokollierten Ideen dann gemeinsam durchgehen, um zu klären, ob die Formulierungen für alle verständlich und nachvollziehbar sind. Im Zuge dessen werden unklare Formulierungen durch eindeutige ersetzt.

Danach sollten die Ideen sortiert und ähnliche Ideen zusammengefasst werden.

Erst in der nun folgenden Phase werden die Ideen bewertet.

Tipps zur Ideenbewertung

Es ist hilfreich, eine Bewertung durch eine Einteilung in Klassen wie »geeignet/umsetzbar«, »derzeit nicht geeignet/nicht umsetzbar« und »derzeit kein Nutzen erkennbar« vorzunehmen.
Jeder Teilnehmer erhält Klebepunkte in der Anzahl der vorliegenden Ideen und hat nun die Möglichkeit, jede dieser Ideen zu klassifizieren bzw. zu bewerten. Es verbleibt nach der Phase der Bewertung nur noch eine Auswahl der Ideen, die tatsächlich sofort umsetzbar sind. Um eine Rangfolge festzulegen, müssen diese Ideen nochmals durch die Gruppe bewertet werden. Es empfiehlt sich, jedem Teilnehmer fünf Klebepunkte zur Verfügung zu stellen. Die Idee mit der höchsten Umsetzungspriorität erhält drei Punkte, die mit der nächsthöheren Priorität zwei Punkte und die Idee auf Platz drei nur noch einen Punkt. Nach der Punktevergabe durch alle Teilnehmer erhalten Sie als Ergebnis das am »stärksten bevorzugte Veranstaltungsmotto«.

Die Brainstorming-Sitzung bietet Ihnen den Vorteil, Ideen für Ihre Veranstaltung zu generieren, die von verschiedenen Mitarbeitern entwickelt, bewertet und ausgewählt wurden. Sie verteilen demnach die Verantwortung für die Ideengewinnung auf mehrere Schultern und die Wahrscheinlichkeit, dass die Veranstaltung Akzeptanz in Ihrem Unternehmen findet, ist höher. Außerdem bringt Ihnen die Durchführung einer Brainstorming-Sitzung den Vorteil, mehr als nur eine Rangliste der bevorzugten, geeigneten und umsetzbaren Ideen für Ihre Veranstaltung zu erhalten. Sie bekommen quasi als »Zusatz« eine Menge weiterer Ideen geliefert, die Sie unbedingt für künftige Aktivitäten archivieren sollten. Unter Umständen können sich Einflussfaktoren, auf Grund deren Sie die Ideenbewertung vorgenommen haben, ändern. Dies könnte dazu führen, dass Ideen, die gestern noch als »derzeit nicht geeignet/nicht umsetzbar« eingestuft wurden, morgen schon für Ihr Unternehmen »geeignet/umsetzbar« sind. Folglich erhalten Sie allein durch die Archivierung Ihrer Brainstorming-Ergebnisse ein Potenzial an unkonventionellen Ideen, die Ihnen kostenfrei und unbegrenzt zur Verfügung stehen.

Das Mind-Mapping

Die Methode des Mind-Mappings wurde in den 1970er-Jahren von dem Engländer Tony Buzan entwickelt und dient zur Strukturierung sowie Visualisierung von Ideen. (Backerra/Malorny/Schwarz 2002, S. 66)

Eine Übersetzung des englischen Begriffs »Mind-Maps« in die deutsche Sprache gestaltet sich schwierig, da das Wort »mind« ganz verschiedene, aber dennoch wesensverwandte Elemente wie Geist, Inspiration, Assoziation, Gedankenarbeit, Gedächtnis und Ideenspeicher hat. Folglich lässt es sich schwierig mit einem einzigen Wort übersetzen. (Kirckhoff 1995, ohne Seitenangabe)

Mögliche Übersetzungsversuche könnten »Gedächtniskarte« oder »Ideenkarte« lauten.

Der Beantwortung der Frage, warum Ihnen ausgerechnet die Mind-Mapping-Technik im Kreativprozess bzw. bei der Ideenfindung weiterhelfen soll, wollen wir im Folgenden auf den Grund gehen:

Um dies zu verstehen, ist es erforderlich, das menschliche Gehirn und seine Arbeitsweise kurz zu erläutern. Schon länger ist bekannt, dass unser Gehirn aus dem Groß- und Kleinhirn besteht. Die äußere Struktur des Großhirns wiederum besteht aus zwei Halbkugeln. Im Jahre 1981 trat der Mediziner W. R. Sperry den Beweis dafür an, dass die linke und die rechte Gehirnhälfte für unterschiedliche Aufgaben zuständig sind. Für diese Erkenntnis erhielt er im Jahre 1981 den Nobelpreis für Medizin.

Die unterschiedlichen Funktionen der Gehirnhälften	
Linke Gehirnhälfte	Rechte Gehirnhälfte
■ Sprache ■ Lesen ■ Logisches Denken ■ Mathematik ■ Aufnahme/Verarbeitung von Details und deren Analyse ■ Planung ■ Organisation ■ Verbale Kommunikation	■ Visuelles Denken ■ Ganzheitliche Betrachtung ■ Intuition ■ Emotion ■ Kreativität ■ Ideen ■ Gedächtnis für Personen, Sachen und Erlebnisse

Die Darstellung verdeutlicht, dass jede Halbkugel unabhängig von der anderen arbeitet und ihre speziellen Funktionen erfüllt. Beide Gehirnhälften sind über einen Nervenstrang, das Corpus Callosum, miteinander verbunden und über diesen Weg miteinander gekoppelt. Es ist zu beobachten, aber bis heute noch nicht eindeutig wissenschaftlich nachzuweisen, inwieweit bei jedem Einzelnen von uns eine Dominanz auf der rechten bzw. linken Gehirnhälfte liegt. (Kirckhoff 1995, S. 102 f.)

In Ihrer Rolle als Veranstaltungsmanager müssen Sie sehr vielfältige Aufgaben bewältigen. Sie sind aus diesem Grunde gefordert, sowohl logisch zu denken, zu planen und zu organisieren als auch kreativ zu sein und dabei den nötigen Überblick zu behalten.

Um Ihre vielfältigen Aufgaben effizient zu bewältigen, müssen Sie deshalb beide Gehirnhälften optimal einsetzen.

Die Mind-Map-Technik ermöglicht Ihnen, das gesamte Potenzial Ihrer geistigen Fähigkeiten umfassend, flexibel und schnell zu nutzen, weil sie die gleichzeitige Nutzung beider Gehirnhälften fördert. Es empfiehlt sich, diese Technik im Kreativprozess zur Ideengewinnung einzusetzen, weil sie den freien Ideenfluss ermöglicht und selbst verborgenste Ideen zur Gestaltung Ihrer Veranstaltung zutage befördert.

Sie fragen sich nun sicherlich, woran das liegt.

Während des Kreativprozesses arbeitet unser Gehirn sehr schnell. Mit konventionellen Methoden sind wir nicht in der Lage, alle Einfälle und deren Zusammenhänge vollständig festzuhalten.

Die Ursache dafür liegt darin, dass unser Denken nicht in Formulierungen, sondern in »Stichwörtern« und damit in »assoziierten Bildern« funktioniert. (Backerra/Malorny/Schwarz 2002, S. 66)

Das Arbeiten mit der Mind-Map-Technik ist deshalb so effizient, weil sie der Arbeitsweise unseres Gehirns entspricht. Konventionelle Methoden hingegen werden der Arbeitsweise unseres Gehirns nicht gerecht. So sind beispielsweise nachträgliche Zusätze oder Änderungen in eine EDV-Liste viel aufwändiger einzufügen als in eine Mind-Map. Dies führt dazu, dass Sie viel zu viel Zeit und Energie darauf verwenden, Ihre Ideen und Gedanken hinsichtlich der Veranstaltung in die richtige Form zu bringen. Die Mind-Map-Technik ermöglicht Ihnen nicht nur, besonders viele Ideen zu finden, sondern auch, zeitlich sehr effizient zu arbeiten.

Warum Sie von der Mind-Mapping-Technik profitieren können
■ Sie fördert den Ideenfluss und somit die Ideenfindung, da selbst verborgenste Ideen hervortreten. ■ Sie führt zu einer Erweiterung unserer Wahrnehmung, da beide Gehirnhälften angesprochen werden. ■ Sie unterstützt die Strukturierung und Visualisierung von Ideen durch ihre spezifische Darstellungsweise. ■ Sie unterstützt die Arbeitsweise unseres Gehirns und spart folglich wertvolle Zeit, die anderweitig sinnvoll eingesetzt werden kann. ■ Sie ermöglicht auf Grund ihrer visuellen Darstellung einen besseren Überblick, wo noch Ideen oder Informationen fehlen bzw. weiterzuentwickeln sind. ■ Sie ermöglicht im Gegensatz zu konventionellen Methoden, Ergänzungen oder Änderungen jederzeit ohne große Mühe und Zeitaufwand einzutragen. ■ Durch ihre visuelle Darstellungsform erleichtert sie die Informationsaufnahme und erhöht somit die Behaltensleistung.

Nachdem Sie bereits so viel Gutes über die Mind-Map-Technik erfahren haben, sind Sie sicherlich neugierig geworden und möchten wissen:

Wie sieht eine Mind-Map aus?

Von der Struktur her erinnert eine Mind-Map an die abstrakte Ansicht eines Baumes aus der Vogelperspektive. Von einem kreisrunden Stamm in der Mitte gehen einige Hauptäste ab, an denen sich wiederum einige Zweige und kleinere Nebenzweige befinden. Die folgende Darstellung zeigt beispielhaft eine Mind-Map zum Thema »Veranstaltungsmanagement«.

Wie Sie Ihre erste Mind-Map erstellen

Zur Erstellung Ihrer ersten persönlichen Mind-Map benötigen Sie ein Blatt Papier ohne Linien oder Karos. Als Format eignet sich ein A4-, besser noch A3-Format, das Sie am besten im Querformat benutzen.

Events und Veranstaltungen organisieren

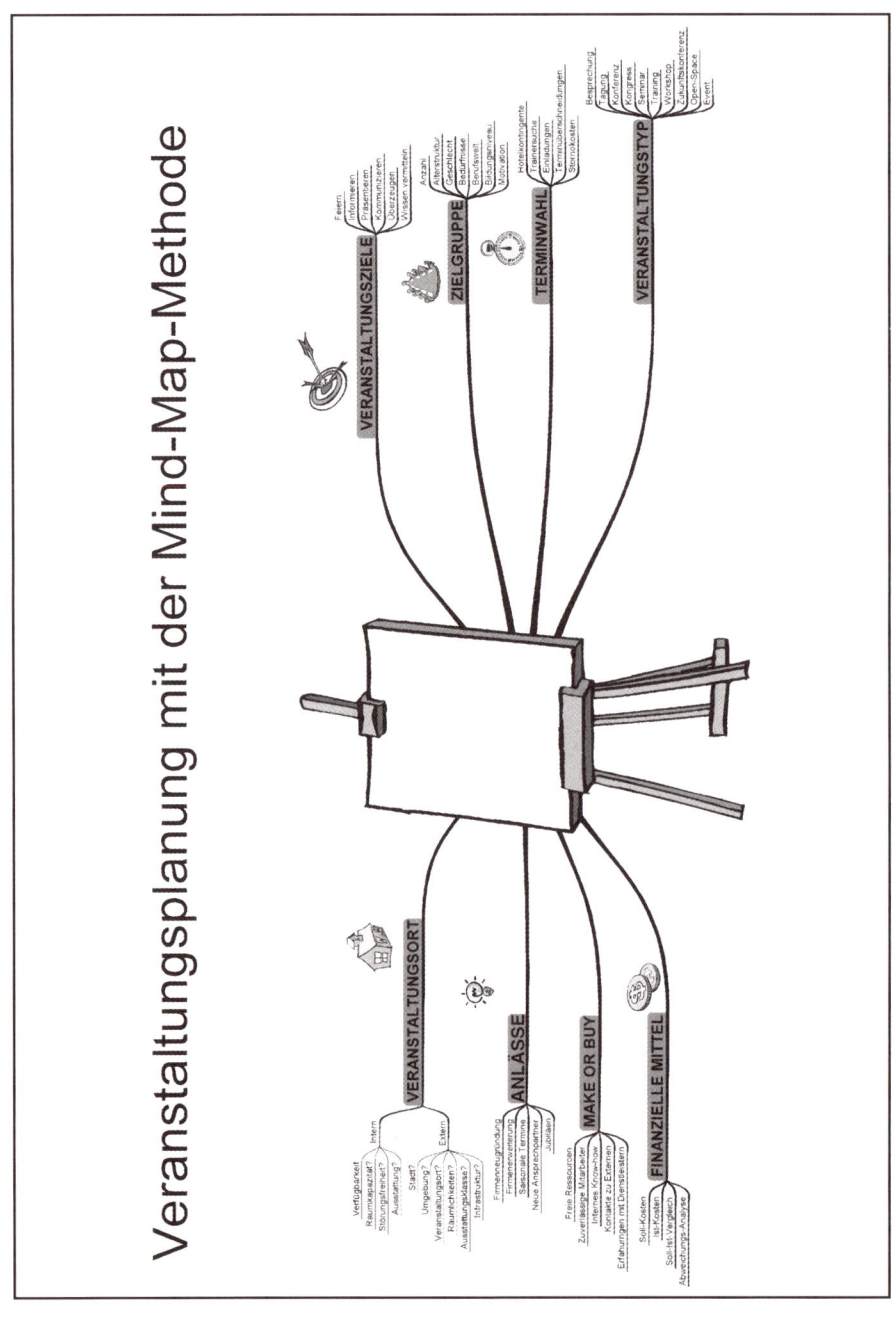

- Schritt eins
  Schreiben Sie in die Mitte des vor Ihnen liegenden Blattes in Groß- bzw. Blockbuchstaben das Thema, das Sie bearbeiten wollen und kreisen Sie dieses ein.
- Schritt zwei
  Suchen Sie nun nach einzelnen Themenbereichen, in die Sie das zu bearbeitende Thema untergliedern können. Versuchen Sie, die ermittelten Themenbereiche jeweils in ein »Schlüsselwort« zu fassen und verwenden Sie dazu möglichst ausschließlich Substantive.
- Schritt drei
  Versehen Sie jetzt den von Ihnen bereits gezeichneten Kreis mit Linien. Die so genannten Hauptäste beschriften Sie bitte jeweils mit nur einem Schlüsselwort. Bitte benutzen Sie zur Beschriftung der Hauptäste ausschließlich Groß- bzw. Blockbuchstaben. Zeichnen Sie die Hauptäste möglichst nur so lang, wie der jeweilige Begriff ist, mit dem Sie ihn beschriften. Beachten Sie dabei, dass auf jeder Linie nur ein Schlüsselwort steht.
- Schritt vier
  Jedem Themenbereich können nun weitere Unterbegriffe zugeordnet werden. Praktisch bedeutet dies, dass Sie an den Hauptast einzelne dünnere Linien als Zweige zeichnen. Diese versehen Sie bitte mit den gefundenen Unterbegriffen. Eine Großschreibung in Blockbuchstaben ist in diesem Fall nicht gewünscht.
- Schritt fünf
  Details zu den jeweiligen Unterbegriffen können in Ihrer Mind-Map auch Berücksichtigung finden. Zeichnen Sie zu diesem Zweck an die Zweige feine Linien, so genannte Nebenzweige, und beschriften Sie diese mit den Detailbegriffen.

Welche praktischen Tipps Sie berücksichtigen sollten

Mit Farben und Bildern können Sie Ihre erste Mind-Map noch übersichtlicher und wirkungsvoller gestalten. Um z.B. eine bessere optische Unterscheidung der einzelnen Themenbereiche zu ermöglichen, bietet es sich an, unterschiedliche Farben zu verwenden.

Außerdem empfiehlt es sich, einzelne Themenbereiche mit dazu passenden Bildern oder Piktogrammen zu kennzeichnen. Durch die Visualisierung der einzelnen Themenbereiche stellen Sie Assoziationen her, die zu einer verbesserten

Aufnahme der erarbeiteten Informationen beitragen und folglich besser im Gedächtnis bleiben.

Übrigens können Sie Mind-Maps nicht nur per Hand zeichnen, sondern diese auch elektronisch mithilfe eines Gestaltungsprogramms erstellen. Unter dem Suchbegriff »Mind-Mapping« finden Sie im Internet interessante Links zu Anbietern, die eine geeignete Software dazu offerieren.

Die vorangegangenen Ausführungen haben deutlich gemacht, dass der Mind-Mapping-Methode in puncto Kreativität kaum Grenzen gesetzt sind. Die einzigen Beschränkungen bestehen in dem Ihnen zur Verfügung stehenden Platz und der Übersichtlichkeit des dargestellten Themas.

Sie fragen sich bei so viel Kreativität sicherlich, wann Ihre Mind-Map fertig ist und Sie aufhören können.

Es gibt keine Notwendigkeit, Ihre Mind-Map in einem Zuge fertig zu stellen. Ein riesiger Vorteil dieser Arbeits- und Kreativitätstechnik besteht darin, dass Sie zu einem beliebigen Zeitpunkt unkompliziert ergänzen können, was Ihnen in den Sinn kommt.

Überlegen Sie, bevor Sie eine Mind-Map erstellen, für wen diese gedacht ist. Sofern nur Sie allein die Mind-Map-Methode als Arbeits- bzw. Kreativitätstechnik nutzen, können Sie Symbole und Bilder auch ohne Erläuterungen einsetzen. Schließlich wissen Sie als Entwickler Ihrer eigenen Mind-Map, was Sie sich dabei gedacht haben. Aber wenn Sie die Mind-Map-Technik in Rahmen einer Gruppenarbeit anwenden und an der Pinnwand visualisieren, sollten alle Gruppenmitglieder die dargestellte Mind-Map verstehen und nachvollziehen können. Bei umfangreichen Mind-Maps und der Arbeit in einer Gruppe ist es ratsam, eine Agenda für Farben und Bilder anzulegen.

Wie bei jeder Art von Darstellung empfiehlt es sich auch bei einer Mind-Map, durch Farbe und Bilder einzelne Zusammenhänge deutlicher herauszustellen. Geben Sie jeder Farbe und jedem Bild eine spezifische Bedeutung in der jeweiligen Mind-Map. Generell sind Ihrer Fantasie hierbei keine Grenzen gesetzt. Wir raten Ihnen jedoch, mit dem Einsatz von Farbe und Bildern sparsam umzugehen und diese akzentuiert einzusetzen.

Auch aus anderen Bereichen wissen Sie, dass aller Anfang schwer ist. Dies gilt auch für die Erstellung Ihrer Mind-Map. Sie erleichtern sich die Arbeit, wenn Sie einen ersten Entwurf auf einem Blatt Papier erstellen, das über ein ausreichend großes Format verfügt. Halten Sie in einer Skizze Ihren Erstentwurf fest. Es macht nichts, wenn Sie das Ergebnis dann noch einmal ins Reine übertragen müssen. Letztendlich macht Übung den Meister!

Ein häufiges Problem bei der Erstellung von Mind-Maps ist die richtige Raumeinteilung auf dem Blatt Papier. Nutzen Sie den Ihnen zu Verfügung stehenden Platz möglichst optimal aus. Beachten Sie, dass die Ecken Ihres Blattes verhältnismäßig viel Platz bieten. Platzieren Sie aus diesem Grunde genau hier umfangreiche Themengebiete, weniger umfangreiche Themen platzieren Sie dazwischen. Hierdurch erzielen Sie eine geordnete Raumeinteilung.

Bemühen Sie sich bei Erstellung von Mind-Maps um gute bzw. deutliche Lesbarkeit. Verwenden Sie zur Beschriftung der Hauptäste ausschließlich Großbuchstaben und verwenden Sie jeweils nur ein Schlüsselwort. Zeichnen Sie Hauptäste ihrer übergeordneten Funktion gemäß dicker als deren Zweige und Nebenzweige. Beschriften Sie Ihre Mind-Maps so, dass die vor Ihnen liegende Mind-Map lesbar ist, ohne das Blatt zu drehen.

Wie Sie Mind-Maps im Veranstaltungsmanagement praktisch einsetzen können

Beispiele
■ *zur Planung der Gesamtveranstaltung*   als Übersicht über alle wichtigen Eckdaten der Veranstaltungen   ■ *zur Planung einzelner Veranstaltungsbausteine*   wie Tagungstechnik oder Teilnehmer-Management   ■ *zur Ideengewinnung für das Kreativkonzept*   um geeignete Veranstaltungsmottos zu finden   ■ *zur Organisation von Meetings*   um kein Detail bei der Vorbereitung zu vergessen   ■ *zur Visualisierung von Arbeitsergebnissen*

Die Liste der Einsatzgebiete (siehe Kasten) ließe sich endlos fortsetzen. Ihrer Kreativität hinsichtlich des möglichen Einsatzes der Mind-Mapping-Technik sind keine Grenzen gesetzt.

Trauen Sie sich, einmal eine neue Technik auszuprobieren und diese kennen zu lernen. Stellen Sie selber fest, dass Sie diese Technik schneller und effizienter zu den gewünschten Ergebnissen führt. Aber haben Sie etwas Geduld, denn aller Anfang ist schwer und erst die Übung macht aus Ihnen einen Meister. Also starten Sie nicht gleich mit zu hohen Anforderungen an die eigene Person!

Kapitel 4
Das Wichtigste auf einen Blick

Damit die Durchführung Ihrer Veranstaltung reibungslos verläuft, sollten Sie auf Nummer sicher gehen und nichts dem Zufall überlassen.

Beherzigen Sie, dass dem Tag Ihrer Veranstaltung größte Aufmerksamkeit zu widmen ist.

Machen Sie sich die folgenden Checklisten zunutze, um die Veranstaltung zielgerichtet zu planen, zu überwachen und zu steuern.

Grobplan für Ihre Veranstaltung

Maßnahmen/Aktivitäten	zu erledigen von	erledigt am
1. Termin festlegen Berücksichtigen Sie dabei: ■ Ferientermine ■ Feiertage, Gedenktage, Festtage ■ Verlängerte Wochenenden, Brückentage ■ Überschneidung mit innerbetrieblichen Terminen ■ Terminüberschneidungen am Veranstaltungsort ■ Messetermine ■ Verkehrsreiche An- und Abreisetage/ Schulferien (Bundesländer) ■ Terminüberschneidungen am Veranstaltungsort (andere Großveranstaltungen)		

2.	**Budgetrahmen festlegen**		
	2.1 Vorüberlegungen		
	■ Intern oder extern		
	■ Eintägig oder mehrtägig		
	■ International oder national		
	2.2 Kostenrelevant sind im Wesentlichen		
	■ Einladungsverfahren durch z.B. Druck und Porto		
	■ Reisen der Teilnehmer und Referenten, sofern die Kosten vom Veranstalter übernommen werden		
	■ Honorar für die Referenten		
	■ Bewirtung		
	■ Übernachtungen		
	■ Raummiete und Betriebskosten		
	■ Miete für technische Geräte		
	■ Dekoration, z.B. Blumen		
	■ Rahmenprogramm, z.B. Stadtbesichtigung		
	■ Unterlagen für die Teilnehmer		
3.	**Veranstaltungsort buchen**		
	3.1 Kriterien für die Wahl des Veranstaltungsorts		
	■ Alles unter einem Dach (Konferenz, Essen, Übernachtung)		
	■ Kurze Wege		
	■ Veranstaltungsort ist bekannt und hat sich bewährt		
	3.2 Wenn die Konferenz in betriebseigenen Räumen stattfinden soll		
	■ Belegkapazität ausreichend (entsprechend großer Raum, Tische, Stühle vorhanden)?		
	■ Technikausstattung ausreichend?		
	■ Nebenräume vorhanden, z.B. für Konferenzsekretariat?		
	■ Teilnehmerverpflegung möglich?		
	■ Servicepersonal vorhanden?		

3.3 Mögliche externe Veranstaltungsorte
- Tagungs-/Konferenzhotel
- Konferenz-/Kongresszentrum
- Stadthalle
- Weitere Adressen – siehe Adressen von Locations

3.4 Ausstattung des Konferenzraums
- Bestuhlung, z.B. parlamentarisch, U-Form etc.
- Rednerpult mit Beleuchtung
- Namensschilder
- Konferenzunterlagen, z.B. Blöcke, Stifte, Seminarordner etc.
- Konferenz- und Tagungstechnik (Flipchart mit ausreichend Papier, Stifte, Folien, Overheadprojektor, Folienstifte, Metaplankoffer und Zubehör, Metaplanstellwände und -papier, Diaprojektor, Videogerät, Mikrofon wie Hand-, Funk- oder Standmikrofon, Videokamera, Beamer, Laptop)
- Beleuchtung (Abdunklung/Tageslicht)
- Klimaanlage
- Beistelltische

3.5 Konferenzsekretariat
- Schreibtische und Stühle
- Telefon, Telefax, PC, Kopierer, Internetanschluss
- Telefonlisten mit wichtigen Rufnummern, z.B. interne Rufnummern von Technikern des Veranstaltungsorts
- Stadtpläne, Erste-Hilfe-Koffer, Medikamente
- Büromaterial
- Schreibkräfte

3.6 Check-up der Hotelzimmerreservierung, falls die Teilnehmer übernachten 3.7 Bewirtung während der Veranstaltung ■ Begrüßungsgetränk ■ Pausen vormittags und nachmittags (Getränke, Snacks) ■ Getränke während der Vorträge im Konferenzraum ■ Mittagessen (Menüwahl/Buffet und Getränke) ■ Abendessen (Menüwahl/Buffet und Getränke) ■ Vegetarisches Gericht		
4. Rahmenprogramm Besichtigungen/Stadtführungen oder anderes so frühzeitig wie möglich buchen		
5. Referenten Unbedingt etwa sechs Monate vor der Konferenz einladen und buchen		
6. Einladungsverfahren ■ Form der Einladung festlegen, z.B. Klappkarte oder Brief ■ Text entwerfen ■ Festlegen der Frist für Rückläufer (der Termin sollte etwa 14 Tage vor der Veranstaltung sein) ■ Druckauftrag, sofern Einladungen extern erstellt werden ■ Versand der Einladungen (mindestens sechs Wochen vorher) ■ Rückmeldeliste erstellen ■ Teilnehmerliste erstellen		

7. Aufträge an Dienstleister, Ausstatter oder Zulieferer ▪ Hostessen und/oder Servicekräfte ▪ Beschallung ▪ Catering ▪ Technische Geräte, sofern sie gemietet werden ▪ Taxi- und Busunternehmen ▪ Künstler ▪ Endgültige Abstimmung der Zimmerreservierungen mit dem Hotel			
8. Medien ▪ Information an die (örtlichen) Medienvertreter etwa vier Wochen vor der Veranstaltung und eventuell als Erinnerung nochmals vier bis fünf Tage vorher ▪ Vorher »Sprecher" des Unternehmens festlegen – Pressemappe erstellen			
9. Einteilung internes Personal ▪ Einlass/Empfang ▪ Informationsstand ▪ Referentenbetreuung ▪ Konferenzsekretariat ▪ Fahrdienst ▪ Fotograf			
10. Abschlussbesprechung Etwa drei bis vier Tage vorher mit allen an der Organisation beteiligten Mitarbeitern und externen Auftragnehmern			
11. Letzter Check-up Etwa zwei bis drei Stunden vor der Veranstaltung			

Budgetplanung

Beachten Sie dabei unbedingt folgende Faktoren:
1. **Vorüberlegung**
   - Ein- oder mehrtägig
   - Extern oder intern
   - National oder international
2. **Kostenintensiv sind im wesentlichen folgende Positionen**
   - Einladungsverfahren (Druck, Porto, Layout)
   - Drucksachen (allgemein)
   - Reisekosten (Referenten, VIPs, Teilnehmer etc.)
   - Übernachtung (Einzelzimmer/Doppelzimmer, Suiten)
   - Raummiete
   - Bewirtung
   - Technik
   - Dienstleister (Dekoration, Dolmetscher, Blumenhändler etc.)
   - Honorare (Referenten/Moderatoren)
   - Rahmenprogramm
   - Zusätzliches (Trinkgelder, Parkgebühren, Kopierkosten, Telefongebühren etc.)

Tagungstechnik

Die heutige Veranstaltungstechnik wird immer anspruchsvoller: Aufwändige PowerPoint-Präsentationen mit Animationseffekten, Video-Ferneinspielung via Satellit etc. erfordern gute Fach- und Organisationskenntnisse. Unsere Checkliste gibt Ihnen einen guten Überblick über die wichtigsten Kriterien rund um die Technik.

Events und Veranstaltungen organisieren

akustische Hilfsmittel			
	Inklusive	Nur auf Bestellung	Preis
■ Mikrofone (Funk, Hand, Head und Stand)			
■ Kassettenrecorder			
■ CD-Player mit Verstärker			
■ Plattenspieler			
■ Tonanlage (klein/groß)			
■ Lautsprecher mobil/integriert			
■ Simultandolmetscher-Anlage			
■ Diktiergerät			

Visualisierung			
	Inklusive	Nur auf Bestellung	Preis
■ Flipchart und -papier			
■ Whiteboard und Stifte			
■ Magnettafel			
■ Zeigestock			
■ Laserpointer			
■ Folien und Folienstifte			
■ Overheadprojektor			
■ Leinwand 2,0 x 2,0 m 2,50 x 2,50 m 3,0 x 3,0 m			
■ Pinnwände			
■ Moderationskoffer			
■ Diaprojektor mit Fernbedienung			
■ VHS-Viedoanlage mit Monitor, Kamera und Recorder			
■ Digitalkamera			
■ Fotoapparat			

Kapitel 4: Das Wichtigste auf einen Blick

Personalcomputer			
	Inklusive	Nur auf Bestellung	Preis
■ Laptop ■ PCs ■ Beamer ■ Drucker, Verbindungskabel, Schnittstelle ■ ISDN-Anlage ■ Modem ■ Software ■ Funkmaus			

Allgemeines			
	Inklusive	Nur auf Bestellung	Preis
■ Telefonanschluss ■ Telefaxanschluss ■ Fotokopierer ■ Steckdosen-Anzahl: Mehrfachstecker ■ Verlängerungskabel ■ Ersatzbirnen für Projektoren ■ Reservebänder (Video) ■ Leerfolien (OHP/Kopierer) ■ Leerdisketten ■ Büromaterial ■ Namensschilder zum Aufstellen ■ Namensschilder zum Anstecken ■ Uhr ■ Sonstiges			

So bekommen Sie die Technik in den Griff! Sie können diese Checkliste beliebig ergänzen.

Hotelabsprache (telefonisch)

- Kapazität: Hat das Hotel die benötigte Größe?
- Kompetenz: Ist das Hotel auf Veranstaltungen spezialisiert?
- Lage des Hotels: Stadt bzw. ländliche Umgebung?
  Anreisemöglichkeit: Pkw/Bahn/Flugzeug
  (Bei Anreise mit dem Flugzeug: maximal 1 Stunde Fahrt zum Hotel!)
- Parkmöglichkeiten: Anzahl der Parkplätze
- Qualitätsanforderungen: Anzahl der Sterne?
  Hotelprospekte anfordern!
- Restaurant: Entspricht das Restaurant dem gewünschten Standard?
  Speisekartenauszug oder Menüvorschläge anfordern!
- Ausstattung: Stehen im Hotel genügend Konferenzräume, Restaurants, Bars (Entspannungsmöglichkeit am Abend) zur Verfügung?
  Grundrisspläne der Konferenzräume anfordern!
- Technikausstattung: Verfügt das Hotel über die benötigte Technik?
  (Details siehe Checkliste Tagungstechnik)
- Wellness: Hat das Hotel einen Recreation-Bereich?
  (Fitness, Schwimmbad, Sauna etc.)
- Budget: Liegt das Preisniveau innerhalb des akzeptablen Bereichs?
  Was ist in den Pauschalen alles enthalten?
  Angebot anfordern!
- Stornierungsfristen:
  Anzustreben sind folgende Stornierungsfristen:
  6 Wochen vorher: kostenlos
  4 Wochen vorher: 25 %
  3 Wochen vorher: 50 %
  2 Wochen vorher: 75 %
  1 Woche vorher: 100 %
- Zahlungskonditionen:
  Anzustreben ist:
  bis 10 Tage nach der Tagung bei Gesamtrechnung

Tagungshotel

Name des Hotels:	
Adresse:	**Ort:**
Telefon: **Fax:**	**E-Mail:**
Ansprechpartner:	
Rezeption: ☐ **Telefon:**	**Fax:**
Bankett: **Telefon:**	**Fax:**
Lage: ☐ Flughafen ☐ Stadtzentrum ☐ Im Grünen ☐ Sonstiges	

Geeignete Tagungsräume:

	Länge	Breite	Höhe	Kapazität	Raummiete
1.					
2.					
3.					
4.					
5.					

Zimmer-Anzahl:
Doppelzimmer:_____ Raucher: _____ Nichtraucher: _____
Einzelzimmer:_____ Raucher: _____ Nichtraucher: _____
Suiten: _____
Behindertenzimmer: _____
Check-in-Zeit: _____ **Check-out-Zeit:** _____
Gepäckaufbewahrung: _____ ☐ ja ☐ nein

Verpflegung:
☐ Vollpension ☐ Halbpension ☐ nur Frühstück

Hotelrestaurants:
Name: _____ Menü-/Büfett-Preis pro Person: _____
1. _____
2. _____
3. _____

Transfer:
☐ Flughafen Entfernung (km/Zeit)_____Preis:_____
☐ Bahnhof Entfernung (km/Zeit)_____Preis:_____

Hotel-Shuttle-Bus:	
Bahnhof ☐ ja ☐ nein	Preis: _____
Flughafen ☐ ja ☐ nein	Preis: _____
Parkplätze_____	Preis: _____
Tiefgaragen-Parkplätze Anzahl _____	Preis: _____
Freizeiteinrichtungen im Hotel: ☐ Fitness ☐ Schwimmbad ☐ Wellness-Bereich ☐ Sonstiges **Freizeitmöglichkeiten in der Umgebung:** Shopping: _____ Unterhaltung: _____ Kulturelles: _____	
Verpflegungskosten pro Teilnehmer: Frühstück: [ ] Kaffeepausen: [ ] Mittagessen: [ ] Abendessen: [ ]	
Verpflegungskosten pro Teilnehmer: 8-Stunden-Pauschale: [ ] 24-Stunden-Pauschale: [ ] Gesamtrechnnung: ☐ ja ☐ nein	

Tagungsraum

(Kontrolle am Vorabend bzw. einige Stunden vor Tagungsbeginn)

- Ist der Bestuhlungsplan eingehalten?
- Entspricht die Anzahl der Stühle der Teilnehmerzahl (Reserve beachten)?
- Sind Tischschilder vorhanden (falls die Sitzordnung vorgeschrieben ist)?
- Gibt es genügend Ablagefläche (Folien, Manuskripte, Folienstifte etc.)?
- Rednerpult mit ausreichender Beleuchtung vorhanden?
- Ist die Leinwand von jedem Platz aus gut zu sehen?
- Sind Plakate und Poster angebracht?
- Liegen Tagungsmappen bereit?
- Liegen bedruckte Namensschilder (Anstecker) in alphabetischer Ordnung zur Übergabe bereit?
- Sind die Pinnwände von jedem Platz aus sichtbar?
- Sind Zeigestock/Laserpointer vorhanden?
- Sind die Verdunklungseinrichtungen getestet?
- Schließen alle Vorhänge bzw. Jalousien?
- Wo sind die Lichtschalter?
- Welche Lichtschalter müssen während der Tagung betätigt werden?
- Ist eine Klimaanlageregelung möglich und wie funktioniert sie?
- Sind die installierten Raumtelefone abgeschaltet?

✎ _____

✎ _____

✎ _____

Einladung

Die Einladung muss interessant, reizvoll und motivierend formuliert sein, damit Sie bei dem Leser auf jeden Fall emotionales Interesse und die Bereitschaft zur Teilnahme erziehlt. Auch das äußere Erscheinungsbild der Einladung spielt für die Teilnahme eine wichtige Rolle! Es ist wie bei einem guten Essen: Das Auge isst mit, und wenn etwas lieblos und unappetitlich angerichtet ist, braucht man es erst gar nicht auszuprobieren.

Die Einladung ist daher stets eine gute Chance zur Imagepflege!

Die folgenden Kriterien helfen Ihnen, Ihre Einladung optimal vorzubereiten und Interesse beim Leser zu erzielen.

Inhalt
- Art der Veranstaltung
- Ziel der Veranstaltung
- Datum (Beginn der Veranstaltung und voraussichtliches Ende)
- Ort (Stadt, Tagungsort, Hotel, Adresse und Telefonnummer etc.)
- Namen der Referenten und Moderatoren
- Namer der Teilnehmer (falls bereits bekannt)
- VIPs
- Thema/Tagesordnung
- Ansprechpartner für Organisatorisches
- Ansprechpartner für Inhaltliches
- Anmeldeformular (Format als Antwortfax)
- Anmeldeschluss
- Rahmenprogramm
- Übernachtungsmöglichkeit
- Parkmöglichkeiten
- Zug-/Bus-/Straßenbahn-/U-Bahnverbindungen
- Nächstgelegener Flughafen/Bahnhof
- Hinweise über An- und Abreise (Shuttle-Service)

Form
- Druck vor Kopie
- Hochwertiges Papier
  (Kartenformat 21 x 10 cm, dann mindestens 130-150 g Hochglanz-Karton)
- DIN-A5-Klappkarte (viel Raum für Gestaltung und Informationen)
- Attraktive und geschmackvolle Farbauswahl, beispielsweise: Ton-in-Ton Kombinationen
- jahreszeitliche Anpassung (Gelb im Sommer, Braun/Rot im Herbst etc.)
- Handgeschriebener Empfängername, Anlass, Ort oder Zeit (allerdings nur geeignet bei Einladungsverfahren bis max. 100 Personen!)

Also auch hier bieten sich unzählige Gestaltungsvarianten an, die sicherlich auch eine Frage des zur Verfügung stehenden Budgets sind.

Grundsätzliches
- Absenden der Einladung mindestens 4 bis 6 Wochen vorher (desto höher ist die Zusagequote!)
- **Tipp:** Verschicken Sie im Vorfeld eine Vorankündigung, damit der Termin von den Teilnehmern schon einmal geblockt werden kann.

Zeitersparnistipp

Mithilfe der Antwortkarte können Sie bei Ihren Gästen folgende Informationen abfragen:
- Einladung von Begleitpersonen
- Parkplatzwünsche
- Ankunfts- und Abreisezeit
- Shuttle-Wunsch
- Hotelzimmer-Wünsche
- Sonstiges

Bieten Sie die Möglichkeit an, die Antwortkarte zu faxen. Faxe werden in der Regel schneller und lieber zurückgeschickt! Vergessen Sie nicht, ein fixes Datum zu nennen.

Telefonnummern

■ **Hotel** 　Rezeption 　Reservierung 　Techniker 　Büroservice ■ **Tagungstechniker** 　**(Hotel bzw. Fremdfirma)** ■ **Ansprechpartner für** 　Flugbuchungen 　Bahnverbindungen 　Mietwagen ■ **Reiseleiter/Stadtführer** ■ **Hostessen-Agentur** ■ **Fotograf** ■ **Presse**	■ **Dolmetscher** ■ **Flughafen 1/Flughafen 2** ■ **Fluggesellschaften** ■ **Busunternehmen** ■ **Taxiunternehmen** ■ **Catering-Service** ■ **Blumenhändler** ■ **Organisationsleitung** ■ **Rahmenprogramm** 　**(Künstler, Location etc.)** ■ **Referent 1** 　**Referent 2** 　**Referent 3** 　**Referent 4** 　**Referent 5** ■ **Moderatoren**

Nachbereitung von Veranstaltungen

Maßnahmen/Aktivitäten	zu erledi- gen von	erledigt am
■ Dank- und Feedbackbriefe an alle Helfer ■ Gemietete Geräte abholen lassen ■ Bezahlung bzw. Prüfung der offenen Rechnungen ■ Gesamtkostenermittlung, Soll/Ist-Vergleich des Budgets ■ Manöverkritik mit allen Beteiligten: Beurteilung der Veranstaltung, Ergebnisanalyse, Verbesserungsvorschläge ■ Zusammenstellung der Presseresonanz		

■ Versand von Dankschreiben (mit Erinnerungsfotos – wirkt persönlicher) an Referenten, Gastredner, Moderatoren, Hotel und sonstige »fleißige« Dienstleister ■ Versand von Konferenzunterlagen, die erst während oder nach der Veranstaltung gefertigt wurden, z.B. Protokolle oder Fotos ■ Aktualisierung der Datenbank: Teilnehmerdaten erfassen bzw. ändern	

Kapitel 5
Reibungslose Veranstaltungsdurchführung

Der Ablaufplan

Wie Sie den Ablauf Ihrer Veranstaltung übersichtlich gestalten

Erstellen Sie für jede Veranstaltung einen Ablaufplan. Dieser dokumentiert den geplanten Programmablauf am Tag der Veranstaltung. Sie behalten damit den Überblick, an welchem Tag zu welcher Zeit welche Aktivität geplant ist.

Inhalte des Ablaufplans

- *Datum*
  z.B. am 2. Dezember 2007
- *Uhrzeit*
  z.B. ab 18.00 Uhr
- *Durchzuführende Aktivitäten*
  z.B. Sektempfang ist vorbereitet
- *Ort des Geschehens*
  z.B. im Foyer der Hotelhalle
- *Zeitpunkt, wann Aktivität abgeschlossen ist*
  z.B. ab 19.30 Uhr

Die Erstellung eines Ablaufplans ermöglicht Ihnen, dem Programm Ihrer Veranstaltung Schritt für Schritt zu folgen. Bei auftretenden Veranstaltungspannen können Sie problemlos eingreifen und gegensteuern.

Mit dem Ablaufplan ist zwar schon viel gewonnen, aber Sie können noch einen weiteren Schritt in Richtung einer reibungslosen Veranstaltungsdurchführung gehen.

Bedienen Sie sich hierzu eines weiteren Hilfsmittels.

Der Arbeitsplan

Wer übernimmt welche Aufgabe am Veranstaltungstag?

Sie wissen zwar bereits durch den Arbeitsplan, wie Ihr Programm ablaufen muss, aber nicht, welche Person zu welcher Zeit welche Aufgabe übernimmt bzw. übernehmen soll. Insbesondere Großveranstaltungen machen eine Zusammenarbeit im Team und somit eine Delegation von Aufgaben erforderlich.

Weisen Sie deshalb alle Mitglieder des Teams mindestens eine Woche vor Beginn der Veranstaltung in alle wichtigen Details ein. Zeigen Sie den involvierten Personen auf, welche Aufgabe sie im Zuge der Veranstaltungen übernehmen und welches ihr persönlicher Beitrag ist. Dies gilt im Übrigen nicht nur für die Organisatoren, sondern auch für die Betreuer von Gästen. Häufig glänzen diese lediglich durch Anwesenheit.

Erstellen Sie deshalb einen schriftlichen Arbeitsplan, der alle Verantwortlichkeiten eindeutig und unmissverständlich klärt. Dies gilt nicht nur für interne Helfer, sondern auch für involvierte Dienstleister.

Händigen Sie diesen Plan allen an der Veranstaltung beteiligten Personen in Schriftform aus und weisen Sie darauf hin, dass dieser Plan den Charakter einer Arbeitsanweisung hat und zwingend einzuhalten ist.

Der Arbeitsplan dokumentiert schriftlich, dass alle beteiligten Personen über ihr Aufgabengebiet vor der Veranstaltung informiert worden sind. Keiner kann sich rausreden, von seiner Aufgabe nichts gewusst zu haben. Wird die Aufgabe dennoch nicht erledigt, ist das Teammitglied in der Pflicht zu erklären, warum dies so ist.

Inhalte des Arbeitsplans

- *Datum*
  z.B. am 2. Dezember 2007
- *Uhrzeit*
  z.B. ab 17.00 Uhr
- *Zu erledigende Aufgabe*
  z.B. Vorbereitung des Sektempfangs
- *Ort der Erledigung*
  z.B. im Foyer der Hotelhalle

> - *Name des Mitarbeiters oder Dienstleisters*
>   *z.B. Michael Mustermann*
> - *Erledigung bis wann*
>   *z.B. bis 17.50 Uhr*

Tagungs-Knigge

Die vier Distanzzonen

Jeder Mensch hat unterschiedliche Vorstellung von Distanzzonen. Es gibt Menschen, die kommen bei der Begrüßung oder Vorstellung so nahe an Sie heran, dass Sie ihren Atem riechen und spüren können. Die meisten Menschen schüttelt es bei dieser Vorstellung.

Distanzzonen zu beachten und zu respektieren ist Grundvoraussetzung für ein harmonisches Miteinader. Mit der Wahrung eines angemessenen Abstands zeigen sie Ihrem Gegenüber Respekt und sorgen für eine angenehme Atmosphäre.

> **Zu Ihrer Orientierung**
>
> 1. Die intime Distanzzone
>   beträgt ca. 50 Zentimeter Abstand und bleibt ausschließlich den Menschen vorbehalten, denen Sie persönlich diesen Abstand – oder besser diese Nähe – gestatten. Im Berufsleben ist hier äußerste Vorsicht geboten. Eine Verletzung dieses Abstands kann zu Ablehnung oder gar Aggression führen.
> 2. Die persönliche Distanzzone
>   reicht von 50 Zentimetern bis zu einem Meter und kommt im Geschäftsleben am häufigsten vor, wenn Sie beispielsweise Gäste begrüßen. Achten Sie beim Händedruck darauf, dass Sie Ihren Arm nicht zu sehr beugen, das hilft auf jeden Fall, den nötigen Abstand zu bewahren.

> 3. Die gesellschaftliche Distanz
>   beträgt zwischen einem und zweieinhalb Metern. Eine Distanz, wie sie zum Beispiel ein Schreibtisch darstellt. Eine Distanz auch, bei der sich die meisten Menschen wohl fühlen.
> 4. Die öffentliche Distanz
>   spielt für uns eine untergeordnete Rolle, sie ist nur wichtig für Menschen im öffentlichen Leben, z.B. Redner, die Abstand zum Publikum brauchen.

Die korrekte Begrüßung

> Wir erhalten über den Händedruck eine Fülle von Informationen über den Menschen, der uns gegenübersteht.

Der Händedruck sollte immer fest und dynamisch sein!

Viele Regeln von früher haben sich heute – zum Glück – gelockert; wir gehen alle viel unverkrampfter miteinander um. Einige Grundregeln sind uns allerdings erhalten geblieben:

Wer grüßt wen im geschäftlichen Bereich?

- Die Auszubildende den Abteilungsleiter
- Der Abteilungsleiter die Chefin
- Die Chefin den Vorstand

Fazit: Die untergebene Person grüßt zuerst, die »höher stehende« Person entscheidet jedoch, ob es zum Handschlag kommt.

Wer grüßt wen im privaten Bereich?

Wer als Privatperson auf der Straße auf Grußvorrechten besteht, ist von vorgestern. Früher war es üblich, dass der Rangniedere den Ranghöheren, der Mann die Dame grüßt. Heute grüßt derjenige zuerst, der den anderen zuerst sieht.

Events und Veranstaltungen organisieren

Sie begrüßen mehrere Besucher

Wenn Sie mehrere Besucher begrüßen, haben Sie sich bestimmt auch schon gefragt, in welcher Reihenfolge Sie die Begrüßung am besten vornehmen.

- Die Besucher sind zwei Herren: Begrüßen Sie den wichtigeren zuerst – die Hierarchie zählt!
- Unter den Besuchern befindet sich mindestens eine Frau: Hier gilt nicht mehr, dass die Dame zuerst begrüßt wird – diese Empfehlung ist bereits überholt. Auch hier gilt, dass im Geschäftsleben die Hierarchie entscheidet und nicht das Geschlecht.
- Wenn Sie nicht wissen, wer der oder die Wichtigste ist: Wenn Sie die einzelnen Personen noch nicht persönlich kennen, aber den Namen der wichtigsten Person, dann fragen Sie freundlich: »Frau Wichtig?« Die Angesprochene wird sich dann bemerkbar machen.

Wie redet man wen an?

Titel, Rangbezeichnung	Persönliche Anrede	Schriftliche Anrede	Briefanschrift
Träger öffentlicher Ämter und Funktionen			
Bundespräsident	Herr Bundespräsident	Hochverehrter Herr Bundespräsident *oder* Sehr geehrter Herr Bundespräsident	An den Präsidenten der Bundesrepublik Deutschland Herrn …
Bundeskanzler	Herr Bundeskanzler	Hochverehrter Herr Bundeskanzler *oder* Sehr geehrter Herr Bundeskanzler	An den Bundeskanzler der Bundesrepublik Deutschland Herrn …

Präsident des Deutschen Bundestages, Deutschen Bundesrates, ... Landtages	Herr Bundestagspräsident (Bundesratspräsident usw.) *oder* Herr Präsident	Hochverehrter Herr Bundestagspräsident (Bundesratspräsident usw.) *oder* Sehr geehrter Herr Bundestagspräsident (...ratspräsident usw.)	An den Präsidenten des Deutschen Bundestages (Bundesrats usw.) Herrn ...
Ministerpräsident	Herr Ministerpräsident	Herr Ministerpräsident *oder* Hochverehrter Herr Ministerpräsident *oder* Sehr geehrter Herr Ministerpräsident	An den Ministerpräsidenten des Landes ... Herrn ...
Bundes- (Staats-, Landes-)Minister	Herr Minister *oder* Herr Bundesminister	Sehr geehrter Herr Minister	An den (Staats-) Bundesminister des (z.B. Innern) Herrn ...
Senator	Herr Senator	Sehr geehrter Herr Senator	Amtierend: An den Senator für ... (z.B. Inneres, Justiz usw.) Herrn ... Privat: Herrn Senator
Universitäten, Hochschulen			
Professor Dr.	Herr Professor	Sehr geehrter Herr Professor	Herrn Professor Dr.
Doktor	Herr Doktor	Sehr geehrter Dr.	Herrn Dr.
Diplom-Ingenieur Diplom-Kaufmann Diplom-Volkswirt	Herr ...	Sehr geehrter Herr	Herrn Dipl.-Ing. (Dipl.-Kfm.)

Oberstudien-direktor	Herr Oberstudien-direktor	Sehr geehrter Herr Oberstudiendirektor	Herrn Oberstudien-direktor
Wirtschaft			
Präsident der Industrie und Handelskammer	Herr Präsident	Präsident oder Sehr geehrter Herr ...	An den Präsidenten der ... des ... Herrn ...
(General-)Direktor	Herr (General-)Direktor	Sehr geehrter Herr (General-)Direktor oder Sehr geehrter Herr ...	An den (General-)Direktor der (des) ... Herrn ...
Geschäftsführer	Herr ...	Sehr geehrter Herr ...	An den Geschäftsführer (des) ... Herrn ...
Träger öffentlicher Ämter und Funktionen			
Mitglied des Bundestages, Landtages	Herr Bundestagsabgeordneter, Herr Landtagsabgeordneter	Sehr geehrter Herr ... *oder* Sehr geehrter Herr Bundestagsabgeordneter *oder* Sehr geehrter Herr Landtagsabgeordneter	An den Abgeordneten des Deutschen Bundestages Herrn ...
(Ober-)Bürgermeister	Herr (Ober-)Bürgermeister	Sehr geehrter Herr (Ober-)Bürgermeister	An den (Ober-)Bürgermeister der Stadt ... Herrn ... oder Dem (Ober-)Bürgermeister der Stadt ... Herrn ...

Landrat	Herr Landrat	Sehr geehrter Herr Landrat	An den Landrat des Kreises ... Herrn ... *oder* Dem Landrat des Kreises ... Herrn ...
(Ober-)Stadtdirektor	Herr (Ober-)Stadtdirektor	Sehr geehrter Herr (Ober-)Stadtdirektor	An den (Ober-)Stadtdirektor der Stadt ... Herrn ... *oder* Dem (Ober-)Stadtdirektor der Stadt ... Herrn ...
Gerichte			
Präsident des Bundesgerichtshofes, Bundesfinanzhofes usw.	Herr Präsident	Sehr geehrter Herr Präsident	An den Präsidenten des Bundes ... Herrn ... *oder* Dem Präsidenten des Bundes ... Herrn ...
(Ober-)Landgerichtsrat, Amtsgerichtsrat (Ober-, Erster) Staatsanwalt, Amtsanwalt	Herr (Ober-) Landgerichtsrat (Amtsgerichtsrat usw.)	Sehr geehrter Herr (Ober-) Landgerichtsrat (Amtsgerichtsrat usw.)	Herrn (Ober-)Landgerichtsrat (Amtsgerichtsrat usw.)
Rechtsanwalt Rechtsanwalt und Notar	Herr ...	Sehr geehrter Herr	Herrn Rechtsanwalt ... *oder* Herrn ... – Rechtsanwalt und Notar

Adelstitel			
Graf	(Akadem. Grad) Graf ...	Sehr geehrter (Akadem. Grad) Graf von (von der/zu) ...	Herrn (Akadem. Grad) Vorname Graf von (von der/zu) ...
Freifrau (ledig: Freifräulein)	Frau (Akadem. Grad) von (von der/zu) ...	Sehr geehrte Frau (Akadem. Grad) von (von der/zu) ...	Frau* (Akadem. Grad) von (von der/zu) ...
Freiherr	Herr (Akadem. Grad) von (von der/zu) ...	Sehr geehrter Herr (Akadem. Grad) von (von der/zu) ...	Herrn** (Akadem. Grad) von (von der/zu) ...
Baronin (ledig: Baronesse)	(Akadem. Grad) Baronin ...	Sehr geehrte (Akadem. Grad) Baronin ...	Frau (Akadem. Grad) Vorname Baronin von *** ...
Baron	(Akadem. Grad) Baron ...	Sehr geehrter (Akadem. Grad) Baron ...	Herrn (Akadem. Grad) Vorname Baron von *** ...
Herzogin	(Akadem. Grad) Herzogin ...	Sehr geehrte (Akadem. Grad) Herzogin von (zu) ...	Frau (Akadem. Grad) Vorname Herzogin von (zu) ...
Herzog	(Akadem. Grad) Herzog ...	Sehr geehrter (Akadem. Grad) Herzog von (zu) ...	Herrn (Akadem. Grad) Vorname Herzog von (zu) ...

* Zur Vermeidung der wie ein Pleonasmus wirkenden Aufeinanderfolge von »Frau« und »Freifrau« kann die Bezeichnung »Frau« am Anfang weggelassen werden.
** Zur Vermeidung der wie ein Pleonasmus wirkenden Aufeinanderfolge von »Herrn« und »Freiherr« kann die Bezeichnung »Freiherr« im Dativ (also Freiherrn) vor den Nachnamen gesetzt und »Herrn« weggelassen werden.
*** Es besteht auch die Umgangsformen-Gepflogenheit, bei Baronin/Baron das »von« wegzulassen.

Kapitel 6
Nachbereitung und Erfolgskontrolle

Nach der erfolgreichen Durchführung Ihrer Veranstaltung können Sie sich noch nicht entspannt zurücklehnen und ausruhen. Eine Vielzahl von Aufgaben sind noch zu bewältigen.

Aufgaben nach der Veranstaltung
■ Organisation und Überwachung des Abbaus
■ Follow-up-Aktivitäten zur Erinnerung
■ Versand von Teilnahmebescheinigungen
■ Nachsendung der Dokumentationen
■ Erstellen von Dankesbriefen an Beteiligte
■ Prüfen und Bezahlen von Rechnungen
■ Durchführung eines Soll/Ist- Vergleichs
■ Information an den Vorgesetzten

Organisation und Überwachung des Abbaus

Erstellen Sie zur Organisation und Überwachung des Abbaus einen exakten Ablaufplan, welche Objekte nach der Veranstaltung in welcher Reihenfolge abgebaut werden müssen. Haben Sie vor Veranstaltungsbeginn mit dem Aufbau eines Veranstaltungszeltes begonnen, so ist dies nach der Veranstaltung das letzte Element, das abgebaut wird. Bedenken Sie, dass einige Elemente zunächst abgebaut werden müssen, bevor andere folgen können. Planen Sie deshalb bei jeder Abbaustufe zeitliche Puffer ein, um mögliche Verzögerungen aufzufangen.

Follow-up-Aktivitäten zur Erinnerung

Ist die Veranstaltung bei der Zielgruppe auf eine positive Resonanz gestoßen und erfolgreich verlaufen, dann wäre es wünschenswert, wenn sie auch in der

Zukunft in positiver Erinnerung bliebe. Aus diesem Grunde ist es ratsam, Follow-up-Aktivitäten nach einer Veranstaltung durchzuführen.

Beispiele für Follow-up-Aktivitäten
▪ Dokumentaktion der Veranstaltung auf DVD oder CD ▪ Animierte PowerPoint-Präsentation der vorgestellten Produkte ▪ Foto-CD mit ausgewählten Veranstaltungsfotos ▪ Persönliche Fotos der Gäste/Teilnehmer

Die erstellten Dokumentationen, CDs oder Fotos werden nach ihrer Fertigstellung mit einem ansprechendem Dankeschön-Brief an die Gäste oder Teilnehmer der Veranstaltung versandt. Dadurch bleibt die Veranstaltung den Teilnehmern nachhaltig in Erinnerung.

Allerdings sollten Sie Follow-up-Aktivitäten bereits in die Veranstaltungsplanung einbeziehen und die entstehenden Kosten in Ihrer Budgetplanung berücksichtigen.

Nachsendung der Dokumentationen und Versand von Teilnahmebescheinigungen

Sie sollten Dokumentationen oder Teilnahmebescheinigungen immer dann nachsenden, wenn Sie nach einer Veranstaltung nochmals mit den Teilnehmern in Kontakt treten wollen und ggf. zusätzliche Unterlagen Ihres Unternehmens den Zielpersonen zur Verfügung stellen wollen.

Erstellen von Dankesbriefen

Haben externe Dienstleister gute Arbeit geleistet und Sie rundum zufrieden gestellt, dann schreiben Sie an diese einen Brief, in dem Sie sich für die reibungslose Zusammenarbeit bedanken.

Prüfen und Bezahlen von Rechnungen

Ziehen Sie zur Rechnungskontrolle unbedingt die schriftlichen Angebote heran und prüfen Sie, ob die zuvor getroffenen Absprachen eingehalten und Originalbelege beigefügt wurden.

Der Soll/Ist-Vergleich nach der Veranstaltung

Im Rahmen Ihrer Planung haben Sie Ziele (so genannte Sollgrößen) definiert, die jetzt nach der Durchführung der Veranstaltung auf ihre Zielerreichung geprüft werden. Diese Prüfung wird auch als Soll/Ist-Vergleich bezeichnet und zielt darauf ab, den Erfolg Ihrer Veranstaltung zu messen. Sind die vorgegebenen Ziele tatsächlich erreicht worden, wissen Sie, dass Sie die Veranstaltung ohne Korrekturen nochmals durchführen könnten. Liegen hingegen Zielabweichungen vor, sind Sie aufgefordert zu erforschen, aus welchen Gründen Sie Ihre zuvor gesetzten Ziele nicht realisieren konnten. Bei nochmaliger Durchführung der Veranstaltung müssen Sie in jedem Falle Änderungen einleiten oder aber Ihre festgesetzten Ziele korrigieren.

Einer der wichtigsten Punkte im Zuge der Erfolgskontrolle ist die Budgetkontrolle. Sind die tatsächlichen Kosten innerhalb des geplanten Budgets geblieben oder gab es unerwartete Zusatzkosten? Aus welchen Gründen sind nachträglich Kosten entstanden und warum sind diese nicht bereits bei der Planung berücksichtigt worden? War das veranschlagte Budget für Ihre Veranstaltung bereits zu klein geplant? Sind wirklich alle Kosten, die im Zusammenhang mit der Veranstaltung stehen, erfasst oder gibt es unter Umständen noch Nachläufer?

Stimmen bei der Rechnungsprüfung die vereinbarten Beträge oder gibt es gravierende Ausreißer? Alle diese Punkte müssen aufgearbeitet und später analysiert werden, damit festgestellt werden kann, wie gut die Kosten-Nutzen-Relation der Veranstaltung war.

Ein weiterer Abgleich muss bei den Teilnehmern vorgenommen werden.

Wie viele Teilnehmer wurden eingeladen, wie viele haben sich angemeldet und wie viele sind tatsächlich gekommen?

Gibt es schon Auswertungen über die Zufriedenheit der Teilnehmer und die Stimmung während der Veranstaltung? War der Veranstaltungsablauf planmäßig und wenn nicht, warum nicht? Auch hier muss ein Abgleich mit der Planung erfolgen, um eventuelle Fehlerquellen zu erkennen und zu eliminieren.

Hat das eingesetzte Personal so funktioniert wie geplant und sich an den vorgegebenen Programmablauf und erstellte Arbeitspläne gehalten?

Dieser Abgleich stellt die Grundlage dar, um ein Abschlussgespräch mit allen Beteiligten zu führen und konkrete Hinweise für eine mögliche Manöverkritik zu haben.

Events und Veranstaltungen organisieren

Die Erfolgskontrolle und deren Instrumente

Anhand der quantitativen Analyse der Teilnehmer-/Kontaktzahlen können Rückschlüsse auf die Motivation der Gäste und die Aktivierungspotenziale der Idee gezogen werden. Ist die Zahl der Personen, die sich für die Veranstaltung angemeldet haben, äußerst gering, sind ggf. gravierende Fehler bei der Veranstaltungsplanung gemacht worden. Es ist zu untersuchen, aus welchen Gründen das Interesse der Teilnehmer so gering ausfiel.

Unter Inbetween-Tests werden Spontan-Befragungen vor Ort verstanden, die durch verdeckte Interviewer durchgeführt werden. Sie zielen darauf ab, das subjektive Erleben einzelner Teilnehmer während der Veranstaltung abzufragen. Für die Gäste der Veranstaltung geben sich die Interviewer nicht als solche zu erkennen, sondern treten ebenfalls als Teilnehmer der Veranstaltung auf.

Eine weitere Variante ist, die Gäste kurz vor Ende der Veranstaltung durch professionelle Interviewer befragen zu lassen, die sich als solche zu erkennen geben. Per Interview können so alle Aspekte erfragt werden, die die Teilnehmer während der Veranstaltung bewegt haben. Sie geben Auskunft über die Wirkung einzelner Komponenten sowie über die gesamte Veranstaltung in Bezug auf Ablauf, Konzept und kreative Umsetzung. Des Weiteren können über diese Befragungen Rückschlüsse auf das Erreichen des Veranstaltungsziels gezogen werden.

Die Auswahl der Interviewer ist von großer Bedeutung, da diese die Befragten nicht positiv oder negativ beeinflussen sollen, um realistische Befragungsergebnisse zu erhalten. Die Interviewer müssen zuvor gut geschult werden und möglichst nach einem erarbeiteten Leitfaden das Interview durchführen.

Ein weiteres Mittel zur Erfolgskontrolle ist die Erstellung einer Videoaufzeichnung von der gesamten Veranstaltung. Es ist so möglich, Rollenverhalten von Gruppen oder auch einzelnen Personen zu studieren bzw. nach der Veranstaltung zu analysieren.

Eine weitere Alternative der Erfolgskontrolle ist der so genannte Post-Test, der zeitlich versetzt nach einer Veranstaltung stattfindet. Als Erhebungsinstrumente dienen Befragungen oder Interviews, welche face-to-face, per Telefon oder als Fragebogenaktionen kurz nach der Veranstaltung stattfinden können. Im Zuge so genannter Recognition-Tests wird durch offene Fragen ermittelt, inwieweit sich die Teilnehmer noch an auf der Veranstaltung vermittelte Informationen erinnern können, z.B. ob und inwieweit die Veranstaltung die persönliche Einstellung zu einer Marke oder einem Produkt verändert hat. Dies ist besonders bei der Präsentation von Produkten von großer Bedeutung.

Interessant ist ebenfalls, nach der Veranstaltung die Resonanz der Medien und deren Berichterstattung zu analysieren.

Wie Sie sehen, sind die Möglichkeiten, eine Erfolgskontrolle durchzuführen, sehr vielfältig. Natürlich müssen Sie bereits in der Planungsphase messbare Ziele definieren, um nach Durchführung der Veranstaltung überhaupt einen Soll/Ist-Vergleich durchführen zu können. Die Erfolgskontrolle ermöglicht somit eine wirkungsvolle Überprüfung/Optimierung in puncto Veranstaltungsplanung und -durchführung.

Die Manöverkritik im Rahmen einer Abschlussbesprechung

Sinn und Zweck einer Abschlussbesprechung ist, sich mit allen an der Veranstaltung Beteiligten darüber auszutauschen, was gut gelungen ist und was in der Zukunft noch verbesserungswürdig ist.

Sie sollten in Ihrer Abschlussbesprechung immer zuerst die guten Ergebnisse loben, um die Mitwirkenden zu motivieren, auch in der Zukunft wieder einen positiven Beitrag zum Erfolg Ihrer Veranstaltung zu leisten.

Sollte etwas verbesserungswürdig sein, dann erklären Sie, was künftig aus welchen Gründen zu verbessern ist. Tragen Sie Ihre Verbesserungsvorschläge sachlich vor, damit sich die betreffenden Personen nicht verletzt fühlen. Sollten schwer wiegende Kritikpunkte anstehen, sollten Sie diese besser unter vier Augen mit dem Beteiligten besprechen, um die Person vor den anderen Teilnehmern nicht vorzuführen.

Die Ergebnisse Ihrer Abschlussbesprechung sollten in eine Überarbeitung der Planungen und der vorliegenden Checklisten einfließen. Die gesammelten Ergebnisse der Erfolgskontrolle und der Abschlussbesprechung bieten eine sehr gute Grundlage, um sich auf das Gespräch mit Ihrem Vorgesetzten vorzubereiten. Sie verfügen jetzt über alle Informationen, um für künftige Veranstaltungen noch besser gewappnet zu sein.

Kapitel 7
Ausgewählte Veranstaltungsbeispiele aus der Praxis

Mitarbeiter-Motivationsveranstaltung

Die Idee
- Einladung zu einem Rittergelage auf die Burg Pyrmont
- Rustikales Rittermahl einschließlich Unterhaltung und Belustigung der Mitarbeiter durch eine Gauklergruppe, eine Schlangentänzerin und einen Feuerkünstler

Die Ziele
- Anerkennung der erbrachten Leistung und Motivation für Neues
- Gemeinsamer Ausklang des Jahres in ungezwungener Atmosphäre ohne hierarchische Unterschiede
- Besseres Kennenlernen der Mitarbeiter von der Hauptverwaltung und den einzelnen Niederlassungen

Die Zielgruppe/Anzahl der Teilnehmer
- Mitarbeiter der Hauptverwaltung und einzelner Niederlassungen
- 120 Personen in verschiedenen Positionen/Verantwortungsbereichen

Die Umsetzung der Idee und das persönliche Erleben
- Teilhaben an einer mittelalterlichen Zeremonie
- Erleben eines derben Rittergelages/Rittermahls
- Erleben einer warmen und sehr stimmungsvollen Atmosphäre

Die Kommunikation
- Schriftliche Einladung
- Aushändigung über den Vorgesetzten

An der Umsetzung beteiligte Personen
- Eine freie Beraterin als Projektkoordinatorin
- Einbindung der Marketingabteilung
- Burgherr als Ausrichter (Location, Essen, Künstler)

Die Vorlaufzeit
- Drei Monate

Das Budget
- 10 000–12 500 €

Kundeninformations-/Bindungsveranstaltung

Die Idee
- »Zeitreise in die Zukunft« Einladung an Bord von Raumschiff Enterprise zu einem Tag der Zukunftsperspektiven und einer Fahrt auf einem ungewöhnlichen Schiff durch eine der schönsten Landschaften Deutschlands

Die Ziele
- Kundenkontakt pflegen und intensivieren
- Kunden informieren über das Leistungsvermögen in der Zukunft
- Kunden unterhalten als Dankeschön für die bisherige Zusammenarbeit

Die Zielgruppe/Anzahl der Teilnehmer
- Einladung an 500 Kunden der Versicherungsbranche
- Etwa 250 Gäste am Tag der Veranstaltung

Die Umsetzung der Idee
- Begrüßung durch die Geschäftsführung
- Fachvorträge für Versicherungsspezialisten
- Übergang zum Unterhaltungsteil

Das persönliche Erleben
- Teilhaben an einem Tag losgelöst von Raum und Zeit
- Eintauchen in die Erlebniswelt des Raumschiffs Enterprise
- Gesamtes Erscheinungsbild/Erlebniswelt ist raumschifforientiert

Die Kommunikation
- Schriftliche Einladung per Klappkarte über den Vorgesetzten
- Anmeldung per Rückantwort sechs Wochen vor dem Termin
- Zusendung persönlicher Bordkarten
- Follow-up-Maßnahme: Versand von persönlichem Bildmaterial als Andenken an die gemeinsame Reise in die Zukunft

An der Umsetzung beteiligte Personen
- Freie Beraterin als Projektkoordinatorin
- Organisation durch Marketingabteilung
- Direkte Buchung einer Kölner Band samt DJ und spezialisierter Referenten
- Einbindung Fotograf
- Köln Düsseldorfer (Location, Bewirtung)

Die Vorlaufzeit
- Sechs Monate

Das Budget
- 45 000–50 000 €

Jubiläumsveranstaltung

Die Idee
- Reise in die Vergangenheit – in die Zeit der Gründerväter
- Veranstaltung einer Jubiläumswoche

Die Ziele
- Sich bei allen Wegbegleitern bedanken und mit diesen feiern
- Bekanntmachung und Erinnerung an die langjährige Tradition der Bank
- Dokumentation: sozial ausgeprägte Unternehmensphilosophie wird fortgesetzt in die heutige Zeit

Die Zielgruppe/Anzahl der Teilnehmer
- Diejenigen, die der Bank auf ihrem 100-jährigen Weg zum Erfolg verholfen haben (Mitarbeiter, Kunden, Geschäfts-, Verbundpartner)

Die Umsetzung der Idee
- Mitarbeiter der Bank trugen eine Woche lang Biedermeierkostüme
- Wiederbelebung der historischen Gründungsstätte der Bank
- Nachbau des Tabakladens und Aufstellung des historischen Tresors
- Ausstellung der antiquarischen Bankrequisiten
- Fortführung der Unternehmensphilosophie, »wirtschaftliche Interessen der Mitglieder/Kunden zu fördern«

Das persönliche Erleben
- Visuelles Erleben der Zeit der Gründerväter (Biedermeier-Epoche)
- Fortführen und Leben der Unternehmensphilosophie
- Schaffen konkreter Anreize für Kunden und Bürger im Geschäftsgebiet

Die Kommunikation
- Schriftliche Einladung von VIPs über den Vorstand
- Anzeigenschaltung in regionalen Tageszeitungen
- Redaktionelle Beiträge in regionalen Tageszeitungen während der Woche
- Eigenbeiträge in hauseigenen Publikationen nach der Woche

An der Umsetzung beteiligte Personen
- Projektteam von 10 Personen (Mitarbeiter)
- Federführend Vorstand und Marketingabteilung
- Werbeagentur für flankierende Maßnahme (Imagebroschüre)
- Freier Grafiker
- Kostümverleiher
- Ladenbauer
- Cateringfirma

Die Vorlaufzeit
- 15 Monate

Das Budget
- 100 000–150 000 €
  (nur die Jubiläumswoche)

Tag der offenen Tür

Die Idee
- Besichtigung einer technisch besonders wertvollen Anlage

Die Ziele
- Präsenz und Selbstdarstellung
- Information
- Kundenbindungsmaßnahme (Erzeugen von Goodwill)
- Interesse wecken
- Kommunikationsförderung
- Sonstige Ziele

Die Zielgruppe/Anzahl der Teilnehmer
- Kunden
- Interessenten
- Mitarbeiter und Mitarbeiterinnen
- Angehörige der Mitarbeiter/innen
- Lieferanten und Kooperationspartner
- Presse
- Verbände und Vereine
- Bevölkerung am Ort

Die Umsetzung der Idee
- Sitzungssaal: Einführung (Zahlen, Daten, Fakten zum Unternehmen)
- Rundgang auf speziellen Besucherstegen: Besichtigung von interessanten Arbeitsvorgängen
- Kasino: Bewirtung und Aushändigung von kleinen Werbegeschenken und Informationsmaterial
- Freier Grafiker
- Kostümverleiher
- Ladenbauer
- Cateringfirma (bzw. eigenes Kasino)
- Getränkelieferant (Sponsoring?)
- Allgemeine Verschönerungsarbeiten (Sauberkeit im Betriebsgelände, Grünflächen- und Baumpflege)
- Blumenlieferant
- Fotograf
- Transportunternehmer

Das persönliche Erleben
- Überblick über die Zukunft des Unternehmens (Arbeitsplätze, soziale Leistungen)
- Schaffen konkreter Anreize für Kunden und Bürger im Geschäftsgebiet
- Faszination der Produktionsprozesse
- Das intensive Erleben von Spaß und Wissen

Die Kommunikation
- Anzeigenschaltung
  - im Stadtanzeiger
  - in landesüblichen Wochenblättern
- Beilagen in Tageszeitungen der Region
- Postwurfsendungen
- Plakatierung
  - an öffentlichen Straßen und Plätzen (Litfaßsäulen)
  - in öffentlichen Gebäuden
  - intern (schwarzes Brett)
  - Beschriftung an Firmenfahrzeugen
- Einladungskarten und persönliche Briefe
- VIP-Liste

An der Umsetzung beteiligte Personen
- Projektteam von ca. fünf Personen (Mitarbeiter)
- Federführend Vorstand und Marketingabteilung
- Medienbetreuer
- Musiker und Künstler
- Sicherheit (Sanitäter, Rettungstransportwagen, Notarzt, Polizei, Feuerwehr etc.)

Die Vorlaufzeit
- 8 bis 12 Wochen

Das Budget
- 30 000–50 000 €
  (je nach Gästeanzahl)

Kapitel 8
Recherchequellen und Kontaktadressen

Recherchequellen Dienstleister

Im Folgenden haben wir für Sie Internetlinks zu Portalen im Bereich Event-/Veranstaltungsmanagement zusammengestellt. Hier finden Sie nicht nur Ideen für Ihre nächste Veranstaltung, sondern auch die dazugehörigen Dienstleister zur Umsetzung. Suchen Sie Dolmetscher, Hostessen, Produktionsfirmen, Anbieter von Veranstaltungstechnik, Künstler oder gar Dekoration/Requisiten? Dann empfehlen wir Ihnen einen Blick auf folgende Seiten zu werfen:

Adressen
www.eventshop.de
www.memo-media.de
www.tagungsplaner.de

Recherchequellen Hotels

Wir haben Ihnen hier eine Auswahl unabhängiger Vermittlungsdienste aufgeführt, die Sie bei der Hotelsuche und Auswahl unterstützen können. Über einige Adressen können Sie Hotels auch direkt buchen.

Adressen
www.u-v-t.de
www.tagungsplaner.de (Rubrik Tagungshotels und Kongresszentren)
www.hotel.de
www.hotelboerse.de
www.euromeetings.de (internationale Tagungshotels)
www.hrs.de
www.toptagungshotels.de

Recherchequellen Locations

Hier finden Sie Anregungen hinsichtlich ausgefallener Locations und der Gestaltung von Programmen. Außerdem gibt es Links zu Veranstaltungsagenturen.

Adressen
www.eventmanager.de
www.locationscout.de
www. intergerma.de (Rubrik Locations)
www.tagungsplaner.de (Rubrik Locations)
www.memo-media.de (Rubrik Locations)
www.Burgen-und-Schloesser.net

Recherchequellen Künstler

Hier finden Sie Kontaktadressen von Künstlervermittlungsdiensten oder Künstleragenturen. Über einige Kontaktadressen können Sie Künstler auch direkt ansprechen bzw. buchen.

Adressen
www.kuenstleragenturen.de
www.memo-media.de (Rubriken Musiker + Künstler, Show + Entertainment)
www.tagungsplaner.de (Rubrik Dienstleister)
www.lookalikes.de

Recherchequellen Redner

Sollten Sie auf der Suche nach professionellen Rednern, Referenten oder Trainern sein, finden Sie in dieser Rubrik Ansprechpartner zu diversen Themenbereichen:

Adressen
www.seminarmarkt.de
www.trainer.de
www.referenten.de
www.redneragentur.de
www.csa-online.de

Recherchequellen Technik

Auf dieser Internetseite finden Sie Begriffe rund um das Thema der Veranstaltungstechnik. Die Begriffe sind sehr gut erklärt und erleichtern Ihnen die Kommunikation mit den Technikern am Veranstaltungsort.

Adressen
www.konferenztechnik.de Fachlexikon zu Begriffen im Bereich Konferenztechnik

Recherchequellen Präsente

Suchen Sie für Ihre Veranstaltung noch attraktive Präsente? Dann finden Sie in der folgender Rubrik Adressen ausgewählter Versandunternehmen aus den Bereichen Präsente, Wein und Spirituosen und Spezialitäten.

Adressen
www.hawesko.de Hanseatisches Wein- und Sektkontor
www.vinumsalm.de

www.specialites.de
www.specialites.de

Recherchequellen Werbegeschenke und Promotionsartikel

Adressen
www.suesse-werbung.de
www.suess-und-lecker.de
www.fragmich.de (mit Geschenkberatung)
www.jung-europe.de
www.oppermann.de

Recherchequellen Termine

Diese Seiten bieten Ihnen die Möglichkeit, den optimalen Veranstaltungstermin zu finden. Es werden alle relevanten Termine aufgeführt, die für die Durchführung Ihrer Veranstaltung wichtig sind.

Adressen
www.kmk.org Termine bzgl. Schulferien der nächsten Jahre
www.weltzeituhr.de Bestimmung von Wochentagen ein Jahr im Voraus, Weltzeitberechnung
www.auma.de Informationen zu nationalen und internationalen Messeterminen; Hintergrundinformationen zu einzelnen Messen

Recherchequellen Routenplanung

Um Ihren Teilnehmern die Anfahrt zum Hotel oder dem Veranstaltungsort zu erleichtern, finden Sie hier die Möglichkeit, eigenständig Reiserouten zu planen und als Anfahrskizze Ihren Gästen zur Verfügung zu stellen. Beachten Sie, dass bestimmte Dienste bei einigen Anbietern kostenpflichtig sind.

Adressen
www.adac.de (Rubrik Reiseplanung – nur für Mitglieder)
www.msn.de (Rubrik Routenpplaner)
www.map24.de

Kontaktadressen Agenturen

Sind Sie auf der Suche nach einer neuen und zugleich qualifizierten Agentur? Wenn ja, dann helfen Ihnen die folgenden Internetadressen sicherlich weiter.

Adressen
www.dprg.de Deutsche Gesellschaft für Public Relations Mitgliederverzeichnis der PR-Berater in Deutschland
www.FME-NET.de FME, Forum der Marketing-Eventagenturen Mitgliederverzeichnis der Event-Agenturen, die sich verpflichten, nach definierten Qualitätsstandards zu arbeiten

Kontaktadressen Messen und Kongresse

Sollten Sie sich über das Thema Veranstaltungen informieren wollen, so empfehlen wir Ihnen den Besuch der folgenden Messen.

Kapitel 8: Recherchequellen und Kontaktadressen

Adressen
STB Seminar und Tagungsbörse   Ausstellung von Tagungs-, Kongress- und anderen Hotels   Fachvorträge zum Thema Veranstaltungen   5 x jährlich in den Städten Hamburg, Mainz, Düsseldorf, Stuttgart & München   STB Seminar und Tagungsbörse GmbH & Co. KG   Kreuzstraße 24   55543 Bad Kreuznach   www.tagungsplaner.de   Fon 0671 834019-0   Fax 0671 834019-19
World of Events   Internationale Fachmesse für Event-Marketing und Veranstaltungsservices mit Kongress   1 x jährlich in den Rhein-Main-Hallen in Wiesbaden   Projektmanagement CC GmbH   Frankfurter Straße 16   61231 Bad Nauheim   www.worldofevents.de   Fon 06032 9630-0   Fax 06032 9630-80
imex   incorporating Meetings made in Germany, the Worldwide Exhibition for Incentive, Travel, Meetings & Events   1 x jährlich in Frankfurt   GCB German Convention Bureau e.V.   Münchener Str. 48   60329 Frankfurt/Main   www.imex-frankfurt.com   Fon 069 242930-0   Fax 069 242930-26

EIBTM for Incentive, Business Travel and Meeting Industry 1 x jährlich in Barcelona, Spanien www.eibtm.ch	

Bitte beachten Sie, dass sich die oben genannten Veranstalter eine Änderung der Veranstaltungsorte vorbehalten!

Recherchequellen Fachzeitschriften

In diesen Fachzeitschriften finden Sie rund um das Thema »Veranstaltungen« und »Events« interessante Artikel, Anregungen und Kontakte:

Titel	Event – Partner
Erscheint	2 x monatlich
Jahresabo	ca. € 52,00
Herausgeber	MM – Musik-Media-Verlag GmbH
Tel.	02236 96217–0
Fax	02236 96217–5
E-Mail	event@musikmedia.de

Titel	events
Erscheint	4 x jährlich
Jahresabo	ca. € 42,00
Herausgeber	Werbe- und Verlagsgesellschaft Ruppert/Frankfurt am Main
Tel.	069 955236–0
Fax	069 955236–22
E-Mail	info@events-magazine.de

Titel	Messe & Event
Erscheint	2 x monatlich
Jahresabo	k.A.
Herausgeber	Norbert Jakob Schmid Verlag
Tel.	00 43 1740 32-763
Fax	0043 1740 32-750
E-Mail	Sandra.winter@schmid-verlag.de

Recherchequellen Fachliteratur

Sollten Sie in Ihrem Unternehmen häufiger mit der Durchführung von Veranstaltungen bzw. Events betraut werden, so bietet Ihnen diese Auswahl an Publikationen eine gute Möglichkeit, Ihr Fachwissen zu vertiefen und auf dem neuesten Stand zu halten.

Titel	Schüller's Veranstaltungsfibel Das Lexikon für Veranstaltungsplaner
Autor	Wiesner, Marcus; Schüller, Kurt; Bleile, Gerhard
Verlag	Kurt Schüller Verlag, Bad Kreuznach
ISBN	(direkt beim Verlag zu bestellen)
Preis	ca. € 24,80
Ausgabe	2. Auflage

Titel	Eventmanagement, Veranstaltungen professionell zum Erfolg führen
Autor	Holzbauer, Jettinger u.a.
Verlag	Springer Verlag
ISBN	3-540-25649-0
Preis	€ 44,95
Ausgabe	erschienen 08/2005

Titel	Eventmarketing, Erlebnisstrategien für Marken
Autor	Sigrun Erber
Verlag	Redline Wirtschaft
ISBN	3-636-0351-5
Preis	ca. € 49,90
Ausgabe	4. Auflage

Titel	Das Firmenjubiläum als Marketinginstrument
Autor	Peter Brückner
Verlag	Wirtschaftsverlag
ISBN	3-8323-0619-6
Preis	ca. € 10,00
Ausgabe	k.A.

Titel	Event-Marketing
Autor	Stephan Schäfer
Verlag	Cornelsen Verlag, Berlin
ISBN	3-589-23554-3
Preis	ca. € 14,95
Ausgabe	erschienen 2005

Titel	Eventmarketing. Grundlagen und Erfolgsbeispiele.
Autor	Oliver Nickel
Verlag	Franz Vahlen München
ISBN	3-800-62139-8
Preis	ca. € 49,00
Ausgabe	2. überarb. Auflage

Titel	Event-Marketing
Autor	Michael Brückner, Andrea Przylenk
Verlag	Wirtschaftsverlag
ISBN	3-8323-0400-2
Preis	ca. € 10,00
Ausgabe	k.A.

Titel	Benimm-Regeln für Beruf und Karriere
Autor	Harnisch, Horst
Verlag	Sigel Verlag
ISBN	4-004360-957338
Preis	k.A.
Ausgabe	k.A.

Titel	Business Knigge für Frauen. Sicher auftreten im Beruf
Autor	Tabernig, C./Quittschau, A.
Verlag	Haufe Verlag
ISBN	3-448-06558-7
Preis	€ 20,00
Ausgabe	erschienen 2005

Titel	Knigge fürs Ausland
Autor	Fichtinger, H./Sterzenbach, G.
Verlag	Haufe Verlag
ISBN	3-448-07918-9
Preis	€ 6,90
Ausgabe	erschienen 2006

Titel	Kreativitätstechniken
Autor	Backerra, H./ Malorny, C./ Schwarz, W.
Verlag	Hanser Verlag
ISBN	3-446-21869-6
Preis	€ 9,90
Ausgabe	k.A.

Titel	Besprechungen – Sitzungen – Tagungen
Autor	Anette Lepschy
Verlag	Bund-Verlag
ISBN	3-7663-2823-9
Preis	ca. € 9,00
Ausgabe	k.A.

Titel	Fachkompetenz im Sekretariat: Terminplanung, Geschäftsreisen, Veranstaltungen
Autor	Ursula Kling & Heidi Schwing
Verlag	Winklers Verlag Gebr. Grimm
ISBN	3-8045-3950-5
Preis	ca. € 23,00
Ausgabe	06/2004

Titel	Die erfolgreiche Tagung
Autor	Dr. Rudolf Müller
Verlag	Wirtschaftsverlag Bachem
ISBN	3-89172-393-8
Preis	ca. € 40,00
Ausgabe	2000

Titel	Kongress- und Tagungsmanagement
Autor	Prof. Dr. Michael-Taddäus Schreiber
Verlag	Oldenbourg Verlag
ISBN	3-486-24896-0
Preis	ca. € 50,00
Ausgabe	k.A.

Kontaktadressen Aus- und Weiterbildung

Wie wir schon mehrfach angedeutet haben, erfordert das Veranstaltungsmanagement ein hohes Maß an Professionalität.

Sofern Sie Ihre Kenntnisse im Bereich Veranstaltungsmanagement festigen oder vertiefen möchten, so bietet es sich an, eine Weiterbildung oder Fortbildung in diesem Themenbereich zu machen. Wir haben Ihnen hier eine Auswahl an Kontaktadressen zusammengestellt, die dazu geeignet sind, sich zu qualifizieren bzw. zu spezialisieren. Dazu zählen ebenfalls Kontakte im Bereich Beratung und Coaching. Diese helfen Ihnen, sich bei der Planung und Umsetzung firmenspezifischer Veranstaltungen individuell beraten zu lassen.

Adressen	Angebote
Management Circle AG Hauptstraße 129 65760 Eschborn Tel. 06196 4722-700 Fax 06196 4722-655 www.managementcircle.de	Der Weiterbildungsveranstalter bietet auch offene Seminare & Trainings zu den Themengebieten ■ Veranstaltungs-Management ■ Event-Management in verschiedenen deutschen Städten an. Auf Wunsch und bei entsprechend großer Teilnehmerzahl werden diese Seminare & Trainings auch als Inhouse-Veranstaltung im Unternehmen des Kunden durchgeführt.

IST, Studieninstitut für Kommunikation Steinstraße 34 40210 Düsseldorf Tel. 0211 8666-0 Fax 0221 8666-30 www.ist-web.de	Berufsbegleitende Weiterbildung zum Event-Manager
Hanseatische Akademie für Marketing + Medien GmbH Convenstraße 12 22089 Hamburg Tel. 040 253013-0 www.hhamm.de	Neunmonatiges Tagesstudium mit 450 Projektstunden und dreimonatigem Betriebspraktikum zum Bereich Eventmanagement mit Abschluss
WAK, Westdeutsche Akademie für Kommunikation e.V. Bonner Straße 271 50968 Köln Tel. 0221 934778-0 Fax 0221 934778-8 www.wak-koeln.de	Berufsbegleitender Vertiefungsstudiengang Fachwirt Messe- und Eventmanagement WAK in Theorie und Praxis Die Studiendauer beträgt ein Jahr.

Die Autorinnen

BIRVEN *Beratung / Coaching / Training / Seminare* Dipl.- Betriebswirtin Sabine Birven Maternusstraße 15 50996 Köln Tel. 0221 340898-0 Fax 0221 340898-1 www.birven.de E-Mail: info@birven.de	Individuelle Seminare, Trainings und Workshops zu den Themenschwerpunkten: ■ Veranstaltungs-Management ■ Event-Management ■ Kunden-/ Serviceorientierung ■ Marketing-Management ■ Lösungsorientierte Kommunikation Beratung und Coaching zu den genannten Themen mit Einzelpersonen, Teams und Abteilungen
Beratung & Training *Claudia Behrens-Schneider* Pütrichstraße 19 82131 Gauting Tel. 089 74575128 Fax 089 74575129 E-Mail: c.behrens.org@t-online.de	Seminare und Trainings mit den Schwerpunkten Event-Management, Zeit- und Selbstmanagement, Kommunikation und Persönlichkeitsentwicklung

Literaturverzeichnis

Backerr, Hendrik/Malorny, Christian/Schwarz, Wolfgang: *Kreativitätstechniken.* Hanser 2002

Beckmann, Klaus: *Open-Space-Konferenzen, Planung – Ablauf – Nutzen.* Seminar- und Tagungsbörse 2003

Erber, Sigrun: *Eventmarketing. Erlebnisstrategien für Marken.* Verlag moderne industrie 2002

Graf, Jürgen: *Seminare 2003 – Das Jahrbuch der Management-Weiterbildung.* Gerhard May Verlags GmbH 2002

Kirckhoff, Mogens: *Mind Mapping. Eine Einführung in eine kreative Arbeitsmethode.* GABAL 1998

Obermann, Christof (Hrsg.): *Trainigspraxis.* Schäffer-Poeschel 1997

Erfolg auf ganzer Linie – New Business Line

Aus der Reihe New Business Line sind außerdem erschienen:

Marketing

Tanja Hartwig/Elisabeth Maser: *Kundenakquise*
ISBN 978-3-636-01474-0

Werner Pepels: *Erfolgreiche Produkteinführung*
ISBN 978-3-636-01473-3

Werner Pepels: *Der Marketingplan*
ISBN 978-3-636-01440-5

Thomas H. Jachens: *Professionelles Verkaufen*
ISBN 978-3-636-01472-6

Management

Robert G. Wittmann/Matthias Reuter/Renate Magerl: *Unternehmensstrategie und Businessplan*
ISBN 978-3-636-01540-2

Arbeitstechniken

Mario Klarer: *Meetings auf Englisch*
ISBN 978-3-636-01439-9

Peter Kürsteiner: *Gedächtnistraining*
ISBN 978-3-636-1539-6

Soft Skills

Roman Braun: *NLP – Eine Einführung*
ISBN 978-3-636-01444-3

Michael Brückner: *Beschwerdemanagement*
ISBN 978-3-636-01445-0

Finanzen & Controlling

Peter Kralicek: *Bilanzen lesen – Eine Einführung*
ISBN 978-3-636-01443-6

Peter Posluschny: *Die wichtigsten Kennzahlen*
ISBN 978-3-636-01441-2

Business-Wissen auf einen Blick für nur 10,00 € (D).